建筑设计系列教程 & CAI
Lessons for Student in Architecture Design & CAI

住宅建筑设计

Residence Architecture Design

刘文军　付瑶　编著

宁玉波　CAI 制作

中国建筑工业出版社

图书在版编目(CIP)数据

住宅建筑设计/刘文军，付瑶编著．－北京：中国建筑工业出版社，2006
（建筑设计系列教程＆CAI）
ISBN 978-7-112-08597-2

Ⅰ．住... Ⅱ．①刘...②付... Ⅲ．住宅－建筑设计－高等学校－教材　Ⅳ．TU241

中国版本图书馆CIP数据核字(2006)第140437号

责任编辑：陈　桦
责任设计：赵明霞
责任校对：王　侠　刘　钰

建筑设计系列教程 & CAI
Lessons for Student in Architecture Design & CAI
住宅建筑设计
Residence Architecture Design
刘文军　付瑶　编著
宁玉波　CAI制作

*

中国建筑工业出版社出版、发行（北京西郊百万庄）
各地新华书店、建筑书店经销
北京广厦京港图文有限公司设计制作
北京中科印刷有限公司印刷

*

开本：787×960毫米　1/16　印张：7　插页：16　字数：219千字
2007年7月第一版　2017年1月第七次印刷
定价：35.00元（含课件光盘）
ISBN 978-7-112-08597-2
（15261）

版权所有　翻印必究
如有印装质量问题，可寄本社退换
（邮政编码　100037）

出版说明

本系列教程是建筑学、城市规划、环境艺术等专业建筑设计系列课程教学用书。主要是针对在信息时代,学生与教师对信息知识获取渠道的改变而进行的编著与制作。课件制作有完整的知识体系,有前沿的、先进的教学内容,同时通过课件相关内容的设置,强调学生的主动操作与互动学习。

市场上建筑类的光盘出版物比较多,但大多以图片欣赏为主,鲜有以教学为主,有完整教学内容,有互动环节的电子图书。本书在编写上也与以往的类型建筑参考书不同,不单只是相关类型建筑设计原理的编写,同时更强调"教"与"学"。在教授完设计原理之后,以实例分析帮助学生理解相关类型建筑设计,根据不同年级学生教授一定的设计方法与设计手法,并介绍一些创作技法;最后可以通过一些互动式训练增强学生对知识的掌握与理解。

本系列教材编写的一个主要原则是方便的演示和查阅功能。内容精炼,要点明确,课件表达生动,在内容组织上有以下几个部分:一是建筑设计原理,主要讲解各类型建筑设计的基本原理和设计要点;二是设计规范与数据资料,将各种基础数据和国家有关规范、规定详细罗列,以便于查询;三是学生作业实例,收录了一些优秀的学生作业作为学习的范本;四是著名建筑实例分析,选择了一些著名的案例,对其空间布局、流线组织等各个方面进行了分析,使学生能够形象地理解设计师的设计理念;另外还有建筑实录,收录了一些的建筑实例。

针对不同类型的建筑,本系列包括有:"幼儿园建筑设计"、"别墅建筑设计"、"客运站建筑设计"、"图书馆建筑设计"、"住宅建筑设计"等子题。

前言

住宅是城市中最大量的建筑类型，也是建筑专业的学生、建筑师以及市民接触最多的建筑类型。在教学过程中，发现学生对住宅知识很贫乏，也难找到一本全面介绍这方面知识的参考书籍。为了提高专业设计者的整体设计水平，使其了解住宅建筑设计的基本方法，以创造更为舒适的人居空间，我们编写了这本教材。

本书结合多年的设计教学和工程实践经验，参考了大量的书籍，参观了大量的实践住宅项目，旨在系统而全面的向广大读者介绍住宅建筑设计的原理和方法。本书共分7章，第1章主要介绍了我国住宅建设的现状，让读者能从宏观的角度了解住宅建设的形势、相关的政策以及住宅建设的发展趋势；第2章主要介绍我国传统的居住文化和相关因素；第3章重点从整体和分解居住单元的角度探讨住宅的套型设计；第4章介绍了套型组合的平面形式；第5章介绍了立面的特点、设计方法和立面的风格；第6章简单地介绍了住宅的剖面设计、日照、节能、防火、结构、设备等，让读者能全面地掌握住宅的相关知识，以便能综合地掌握住宅设计；第7章则介绍了小区规划和小区环境设计的相关知识。其中第3章、第4章和第5章为本书的重点。

本书作为一本学生用教材，配有课件，可以供教师上课用和学生自学，同时也可以供广大的建筑师日常实践中应用。由于编者的理论和实践水平有限，缺点和错误在所难免，恳请读者批评指正。

本书是在沈阳建筑大学建筑系专业教师多次授课的基础上编写而成的，吉军、于维维、杨晶、孙大鹏等参与了照片和图片的整理工作，同济大学的博士生都铭提供部分照片。同时本书参考引用了一些书籍和杂志的照片，在此一并向书、文章的作者和曾给予我们支持的人表示感谢。

目 录

1 我国住宅建设的现状 ······ 7
   1.1 住宅建设的基本形势 ······ 8
   1.2 当前最新的关于住宅设计的相关规定、政策 ······ 10
   1.3 住宅建设的未来发展趋势 ······ 12

2 住宅与居住文化 ······ 15
   2.1 传统居住文化 ······ 16
   2.2 和居住相关的因素 ······ 18

3 住宅的套型设计 ······ 23
   3.1 相关概念界定 ······ 24
   3.2 套型设计的依据、原则和标准 ······ 27
   3.3 套内各功能用房的设计要点 ······ 32
   3.4 套型公共部分设计要点 ······ 55

4 住宅的套型组合平面形式 ······ 61
   4.1 楼梯间式（单元式）······ 62
   4.2 点式 ······ 67
   4.3 走廊式 ······ 69
   4.4 跃层式 ······ 70
   4.5 台阶式 ······ 71
   4.6 复式 ······ 72

5 住宅的立面设计 ······ 73
   5.1 住宅立面形式特点、设计原则 ······ 74
   5.2 住宅立面设计的方法 ······ 82

  5.3 住宅立面的风格 ·· 99
6 住宅相关技术简述 ·· 103
  6.1 剖面设计 ·· 104
  6.2 建筑日照、通风、采光、防噪 ·· 114
  6.3 建筑节能 ·· 115
  6.4 建筑防火 ·· 118
  6.5 建筑结构 ·· 119
  6.6 住宅建筑给水和排水 ·· 122
  6.7 建筑采暖 ·· 123
  6.8 建筑电气 ·· 123
7 居住区规划设计与居住区环境设计 ·· 125
  7.1 居住区规划设计 ·· 126
  7.2 居住区外部环境设计 ·· 138
主要参考文献 ·· 144

CAI(课件)目录
第一部分 设计原理
第二部分 知识要点
第三部分 实例分析
第四部分 政策规范

1 我国住宅建设的现状

1.1 住宅建设的基本形势

随着中国经济的快速发展,以住宅建设为主的房地产迅猛发展,居民的居住条件得到显著的改善。据相关资料显示,截止2005年底,城镇人均住宅建筑面积23.7m²,农村人均住房面积27.2m²,已经达到世界中高收入水平。我国住宅需求和建设今后将呈现什么样的趋势?这个问题值得我们去关注。

(1) 专家认为:目前的住宅需求仍然是真实需求

建设部政策研究中心的专家认为:到实现"全面小康的2020年,城市化水平达到55%~60%",新增城镇人口需要解决住房问题;原有城市居民存在改善住房条件的需求,每个城镇居民的人均住房要在目前的基础上再增加10m²以上;目前的住宅建设,很大一部分是通过拆建实现的,特别是在一些旧城区,促进了住宅的建设;目前毕业的大学生、新婚家庭都是购房的生力军。种种资料显示,目前的住宅需求还是真实需求,住宅建设会在一段时间内持续下去。图1-1、图1-2为深圳住宅区形象。

图1-1 深圳锦绣花园(图片来源:《深圳特色楼盘》)

图1-2 深圳海天一色雅居(图片来源:《深圳特色楼盘》)

(2) 根据相关数据显示,目前我国以住宅建设为主的房地产依然保持快速增长

在 2004 年 1～5 月份,全国房地产开发投资 3703 亿元,同比增长 32%,房地产开发购置土地面积 12380 万 m^2,同比增长 9.8%,新开工面积 22496 万 m^2,同比增长 18.7%,全国商品房销售面积 8310 万 m^2,同比增长 30.9%。以上数据表明我国房地产仍然保持迅猛发展的势头,会持续一段时间。图 1-3 为刚刚建成的沈阳某小区的建筑群。

(3) 住宅建设仍将是我国经济建设的重要组成部分

十六大提出了全面建设小康社会的宏伟目标,住宅建设也要与之相适应,人均居住面积、居住条件都要有显著的提高。住宅建设同时带动相关产业的发展,促进经济建设,加快经济增长速度。

(4) 住宅建设还存在一些问题

主要表现在:投资规模过大,投资增幅仍然偏高;供需矛盾加大,房价偏高,与人们的收入差距较大,人们购买力不强;土地资源消耗过大,供应不足,环境污染问题严重;住宅产业化不强,以粗放型为主;住宅的科技含量不高,建设质量也存在问题;居住的整体环境还有待完善等等。

图 1-3 沈阳新世界小区建筑群(图片来源:作者自拍)

1.2　当前最新的关于住宅设计的相关规定、政策

国家对住宅建设相当重视,制定了一系列相关的规定,提出了建设经济适用性住宅、小康住宅以及康居工程的政策,指导住宅的建设。下面列举了最新的常用标准或要点,了解它们对于提高住宅设计有很大的帮助。

(1) 住宅设计规范

《住宅设计规范》(GB 50096—1999)是在1987年7月1日颁布的《住宅建筑设计规范》(GBJ 96—86)的基础上修订而成的,为强制性国家标准,目的是为保障城市居民基本的住房条件,提高城市住宅功能质量,使住宅设计符合适用、安全、卫生、经济等要求。

(2) 国家康居示范工程建设技术要点

为指导国家康居示范工程的建设制定的技术要点,也是为进一步引导住宅质量全面提升制定的,较《住宅设计规范》(GB 50096—1999)提出的标准要高一些。示范工程的建设应体现住宅产业现代化,展示当代住宅产业的科技成果,要求通过技术创新,促进科技成果向现实生产力转化,提高住宅建设劳动生产率,实现住宅建设质量的全面提升,带动相关产业的发展。列入康居示范工程的小区,国家提供一定的技术支持以及相关政策。

(3) 居住区环境景观设计导则

是国家新制定的设计指导原则,为了适应全面建设小康社会的发展要求,满足21世纪居住生活水平的日益提高,促进我国环境景观设计尽早达到国际先进水平而编制的,旨在指导设计人员正确掌握居住区环境景观设计的理念、原则和方法。目前这个导则正在试行阶段。

(4) 住宅性能评定技术标准

为了提高住宅性能,促进住宅产业现代化,保障消费者的权益,统一住宅性能评定方法,制定本标准。

本标准将住宅性能划分成适用性能、安全性能、耐久性能、环境性能和经济性能五个方面。住宅性能按照评定得分划分为A、B、C三个级别,其中A级住宅为性能好的住宅;B级住宅为性能达不到A级但可以居住的住宅;C

级住宅为不适宜居住的住宅。A级住宅按照得分由低到高分为1A(A)、2A(AA)、3A(AAA)三个级别。

(5) 住宅建筑模数协调标准

本标准主要是为推进住宅产业现代化,实现建筑产品和部件的尺寸及安装位置的模数协调而制定的。主要适用于:(A)制定住宅建筑设计中的建筑、结构、设备、电气等专业技术文件及它们之间的尺寸协调原则;(B)确定住宅建筑中所采用的部件或组合件(如设备、家具、装饰制品)等需要协调的尺寸;(C)编制住宅各功能部位,如厨房、卫生间、隔墙、门窗、楼梯等专项模数协调标准。模数协调的目的:①实现人员之间的生产活动互相协调;②使部件规格化又不限制设计自由;③能使建筑部件标准尺寸的数量达到优先化;④采用合理化的方法定位、吊装和组装部件,以简化施工现场作业;⑤协调住宅设备及部件与相应功能空间之间的尺寸。图1-4为某住宅标准层,从中可以了解建筑开间、进深、墙体、设备等之间的协调标准。

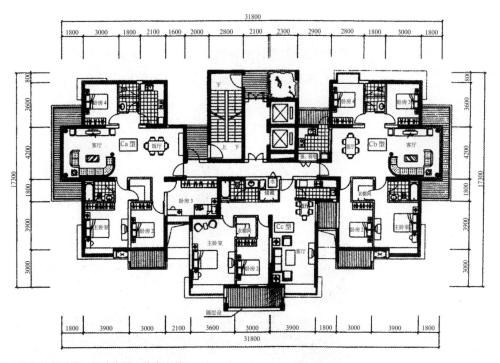

图1-4 某点式高层住宅平面 (图片来源：作者自绘)

1.3 住宅建设的未来发展趋势

住宅建设已经由粗放型向集约型逐步转变,住宅的技术含量不断提高,人们追求环保、健康、智能、节能的住宅,人们的居住方式完全由"住得下"向"住得好"的方向转变,提高住宅的综合质量是未来住宅建设的关键,包含五个方面:

(1) 高舒适环境

一方面指室外环境,从选址,到自然环境的利用、室外景观的建设都应积极寻找、利用,营建一个好的、舒适的、积极的,并且体现文化氛围的环境;另一方面指室内环境,要把空气、绿色、阳光带入室内,室内要节能、环保,户型、开间、流线、室内装饰应充分考虑居住者的使用需求和心理需求,让居住更舒适。图1-5可以认为是外部非常舒适的居住环境。

(2) 高生态环保

住宅小区建设应以可持续发展为目标,向生态住区方面建设,利用科学技术手段,对小区的环境设计、建筑节能设计、室内物理环境设计、水环境、建材、废弃物的收集和处理等进行综合考虑,减少对资源和能源的消耗,减

图1-5 上海锦绣江南居住区环境(图片来源《建筑学报》04 (4) 期)

少对环境的污染,营造一个健康、舒适、安全、美观、文明的生态住区。图1-6为居住建筑室内的生态模式图。

(3) 高智能化

一要建立安全的防护体系;二要有良好的信息环境;三要考虑家务工作的便捷化和自动化;四要考虑水、暖、电、燃气、消防的方便实用,以及查表交费。

(4) 高技术含量

提高住宅的产业化,融入最新的科学成果,提高住宅的技术含量,如结构体系、节能墙体、厨卫技术、管线技术、智能化技术、施工技术和环境及其保障技术。国家也相应地提出了加强住宅产业化建设方面的政策。

(5) 高性能标准

为提高住宅的质量,国家颁布了《住宅性能认定指标体系》,将住宅性能划分成适用性能、安全性能、耐久性能、环境性能和经济性能五个方面,目的是不断提升我国住宅建设的整体水平。

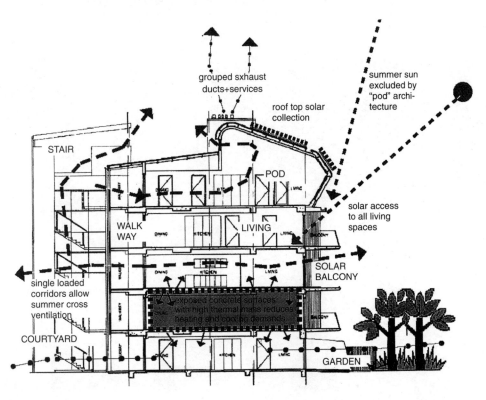

图1-6 国外某住宅室内生态模式（图片来源：不详）

2 住宅与居住文化

客家聚居建筑的理念

2.1 传统居住文化

(1) 聚族而居，结社

血缘是中国社会中最早、最自然，也是最重要的纽带，人们是聚族而居，合族而处的，同一族的往往居住在一起，形成较强的宗族制度。丁俊清在《中国居住文化》一书中认为中国的宗族制度具有以下特点：核心轴是父子；单系共同祖先；有自己的家谱、族谱；有用于教育和公共福利的财产，如族田、族山、族池塘等；必须有统一的居住方式，有宗族的祠堂、大厅；同族的人，不但是同姓，而且共同祭祀统一祖先。这种宗族制度决定中国传统居住空间模式是以直系（父子，主要是长房长孙）亲属组成的家庭为基本居住单位，以同宗的各个家庭组成一个村落，它是以家庭－家族－宗族－氏族－村落－郡望的形式扩展生长的，他们供奉同一祖先，建有专门的祠堂，是全村百姓活动的中心，也是举行一系列节日的场所。村落的形态也是以祠堂为中心向外扩展的。以血缘为基础的宗族制度是影响我国各代居住模式的主要内容。图2-1为客家聚居建筑理念示意图。

图2-1 客家聚居建筑理念（图片来源：不详）

中国古代社会是以农业生产为基础，对土地有着较强的依赖性，土地成为维系氏族的社会属性，形成地缘的意识。家庭和村落都有祭社的活动，就是祭土地神，此场所形成村民活动、交流的中心。人们因此对家乡产生强烈的依赖性，形成"离乡不离土"的观念，也影响着人们的居住观念。

(2) 风水理论

"风水"对居住空间的模式和居住心理产生很大的影响，特别是对传统的住宅与村落的选址、建设，有一定的理论指导作用。

风水理论是结合建筑实践活动，吸收融汇了古代自然科学、伦理学、美学、哲学、宗教学、人类学、民俗学等等方面的众多智慧形成的理论体系。主要的积极内容是探讨人和环境的关系问题，即主要是居住和环境的关系。

风水理论一方面对村落选址有很大的影响。如许多成语都和风水中的选地相关：藏风聚气、来龙去脉、负阴抱阳、环护有流等。另外，好的村址水质、土质、朝向、山势等都要好，符合现代城市环境理论和美学理论。图2-2为住宅典型风水格局。

风水理论另一方面对住宅的建设和选址也有很大影响，如《黄帝宅经》中强调"夫宅者，乃是以阴阳之枢纽，人伦之轨模，非夫博物明贤，未能悟斯道也"，强调住宅的格局和形式本身就是道德教化的场所；还有的风水书对住宅的形式、间数、朝向、门、厅堂、厨、厕、井、灶等都有规定，如北京四合院的正门都开在南侧偏东位置，因为风水一般认为东南为生方，门内和门外有照壁，讲究气的藏露。

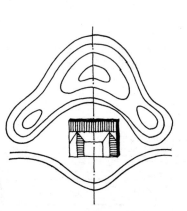 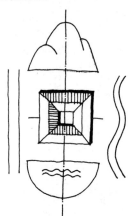

图2-2 住宅典型住宅风水格局
(图片来源：《风水与建筑》)

2.2 和居住相关的因素

居住环境是由许多因素决定的。图 2-3 为住宅相关因素示意图。

(1) 家庭模式

1) 家庭的规模：表现为家庭的人口数，人口性别的不同，对住宅的面积和房间数量要求会不同。

2) 家庭成员结构：一般有老人（双方）、夫妻（单身）、孩子（一个或者多个，男女）组合成家庭，不同的家庭结构对住房的要求不同。

3) 人口总数相同的情况下，家庭数量越多，对住房的需求量越大。

(2) 生活习俗、习惯

人们的习俗和习惯不同，对住宅的平面布局、外立面的形象以及一些装饰手法都会产生影响。特别是针对不同地域、不同民族以及不同社会群体的设计要综合考虑习俗、习惯，符合特定群体的生理和心理需求。

(3) 居住行为

居住行为主要指人们在对住宅需求的过程中产生的行为，居住行为是住宅设计的基础，只有根据居住行为才能对家具、房间、套型、单元等等进行合理的设计。

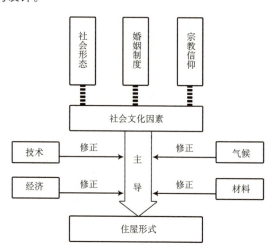

图 2-3 住宅相关因素（图片来源：作者自绘）

居住行为结合了人体工效学、环境心理学、社会学、人类学等相关学科。住宅内的居住行为包括个人私属生活行为、社会生活行为、家务行为和生理行为，四种居住行为决定了住宅内的布局原则。

(4) 经济基础

1) 经济的发展是住宅大规模建设的前提条件。

2) 经济条件的改善是居民改善住房条件的前提。

3) 对居住质量的追求，主要是一些居住指标的提高，如2020年小康住宅的目标包括城镇人均居住面积 35m^2、城镇最低收入家庭人均住房面积大于 20m^2、城市人均绿地面积 8m^2 等，这无疑都是以经济发展为前提。

4) 经济的发展使住宅设计更为灵活，更为具体化、个性化，适应性强，特别是高科技含量会提高。

(5) 环境因素

1) 居住区外部自然环境

主要是指居住区选址中考虑的自然环境因素，一般来说，背山面水的、环境优美的、周围自然植被较好的，人们都愿意居住。相反，自然环境较差的，人们不愿意居住。

2) 居住区内部自然环境

是指居住区建成后内部的景观环境，是通过设计后营建的室外的微自然环境，是衡量居住质量的一个重要指标，也是人们购房的主要参考指标。《城市居住区规划设计规范》GB 50180—93中明确要求改建小区绿地率不低于25%，新区建设绿地率不低于30%。最近建设部出台了《居住区环境景观设计导则》，旨在加强居住区内部的环境设计，为居民营造一个设施齐全、环境优美的人居空间。

3) 居住区的社会环境

一方面指人们日常生活所必需的设施要齐全，如商店、小学、幼儿园、菜市场等，同时居住的小区交通要便利；另一方面小区的物业管理也要好，要安全，方便。图2-4为住宅环境因素模式图。

(6) 技术因素

技术影响了住房的质量，技术含量越高的住宅，越能适合人的居住。

主要包括以下七大技术体系，如图2-5所示。

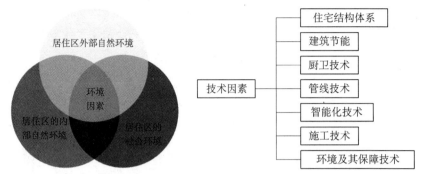

图2-4 住宅环境因素
（图片来源：作者自绘）

图2-5 住宅七大技术体系（图片来源：作者自绘）

1）住宅结构体系

主要是指结构材料、结构形式、建筑配件的模数化等方面的内容。采用技术含量高和性能最为优越的材料，抛弃传统住宅的建筑材料，如木、黏土砖。同样要选择通用性强的结构形式，如短肢剪力墙、异型框架柱、框架等，可以灵活布置室内空间，不要采用砖混结构。建筑配件要通用性强，适合机械化生产。

2）建筑节能

我国建筑节能技术相对比较落后，建筑能耗在整个社会的能源消耗中占有较大的比例，我国目前建筑单位面积能耗是气候相近的发达国家的3~5倍。从可持续发展的角度看，建筑节能技术的研究、推广、普及是住宅建设的重要内容。

建筑节能主要体现在屋顶和墙体的保温、隔热技术，一方面是选用新型节能材料，另一方面采用较好的构造措施达到节能效果。

3）厨卫技术

树立厨卫整体设计和标准设计的观念，推行厨卫系列化、多档次的定型设计。按照模数协调的原则，优化设计参数，确保建筑与产品之间的连接配合；厨卫设备安装和建筑装修应同步一次完成；厨房、卫生间要求采用新型防噪声塑料管材，卫生间应采用节水型坐便器与优质水箱配件。厨房、卫生间应设置水平或竖向通风道。通风口断面应根据排气量计算选定。通风道应具有在机械通风和自然通风两种状态下都能自动防止串烟、串味的功能。燃气热水器应设置独立的通风系统。

4）管线技术

住宅的管线配置应满足现代居住和使用功能要求，尽可能选择先进、新型、无毒害、使用寿命较长的管线，各种管线除要达到自身系列的配套化外，还要考虑与其他产品的连接。设备与管线，管线与管线之间的配合要采取统一设计、统一施工的方法。管线与设备要靠近，管线之间要符合安全与安装要求，避免交叉和重叠。管线应尽量集中布置，要隐蔽，又要方便维护。

5）智能化技术

《国家康居示范工程建设技术要点》制定了相应的智能化技术的标准。普及性的智能化技术包括：

（A）安全防范系统：①出入口管理及周边报警；②闭路电视监控；③对讲与防盗门控；④住户报警（包括呼救报警、煤气报警等）；⑤保安巡更管理。

（B）信息管理系统：①对安全防范系统实行监控；②水、电、气、热等表具远程抄收与管理或IC卡电子计量；③车辆出入与停车管理；④对部分供电设备、公共照明、电梯、供水等设备实施监控管理；⑤紧急广播与背景音乐系统；⑥物业管理计算机系统。

（C）信息网络系统：①为实现上述功能科学合理布线；②每户不少于两对电话线和两个有线电视插座；③建立有线电视网。

6）施工技术

主要是采用先进的施工工艺，包括各个阶段和各个步骤的施工过程，产品的标准化、通用化保证了施工过程的机械化和便捷化。

7）环境及其保障技术

一方面指室外环境设计要满足人们居住休闲要求；另一方面指水质水压保障系统、生活垃圾收运处理系统、防止污染技术等。

（7）住宅的地域性特征

由于生活习惯、气候条件、地形条件、文化等方面的原因，住宅存在地域性的差别。这种差别反映在套内户型、平面组合形式、小区组合形式、建筑材料、构造形式、建筑形式等等方面。在进行住宅设计中应结合当地的一些具体特征，设计具有地域性特征的住宅。图2-6为各地区和各民族的住宅外形。

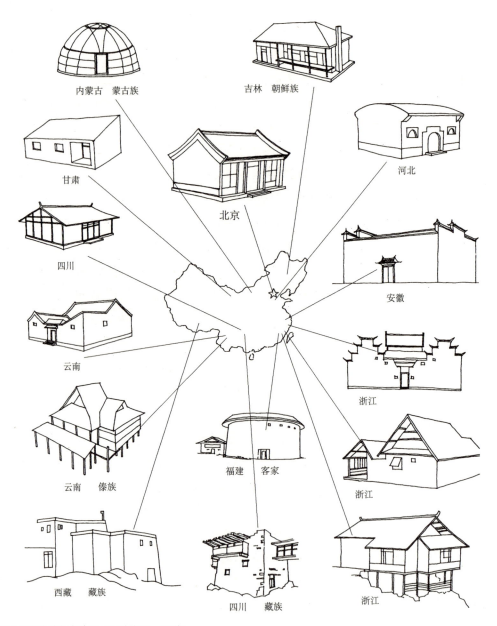

图2-6 各地区和各民族的住宅外形（图片来源：不详）

3 住宅的套型设计

3.1 相关概念界定

住宅：供家庭居住使用的建筑（《住宅设计规范》GB 50096—1999定义）。《建筑设计资料集》则定义为：供家庭日常居住使用的建筑物，是人们为满足家庭生活需要，利用自己掌握的物质技术手段创造的人造环境。图3-1、图3-2为住宅实例照片。

多层住宅：《住宅设计规范》(GB 50096—1999)规定1层至3层为低层住宅，4层至6层为多层住宅，7层至9层为中高层住宅，10层以上为高层住宅。

独立住宅：指每户自己一栋享有独立的室外空间的住宅，户与户之间是相对独立的，形成自己的院落空间。

集合住宅：相对于独立住宅的居住概念，许多住户生活在一栋或多栋房屋内，享有共同的室外空间。

图3-1 上海安亭小镇 （图片来源：作者自拍）

图3-2 北京康城别墅 （图片来源：作者自拍）

单元住宅：由多个单元组成的住宅，每个单元都设有楼梯间作为每户的垂直交通系统。图3-3为单元住宅平面图。

点式住宅：数户围绕一个垂直交通系统的单元独立住宅。图3-4为点式住宅平面图。

跃层住宅：《住宅设计规范》GB 50096—1999规定套内空间跨跃两楼层及以上的住宅。

大厅小室：指20世纪90年代较流行的一种套内模式，即起居厅较大，卧室较小，在有限的面积内根据使用要求考虑房间的大小。这种形式的住宅称之为大厅小室住宅。

复式住宅：一种充分利用室内空间的小面积住宅形式，根据人们对家居空间的不同高度的使用要求，巧妙设置夹层形成的住宅称之为复式住宅。

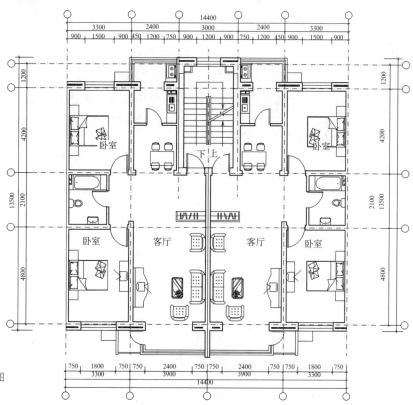

图3-3 某多层单元平面图（图片来源：作者自绘）

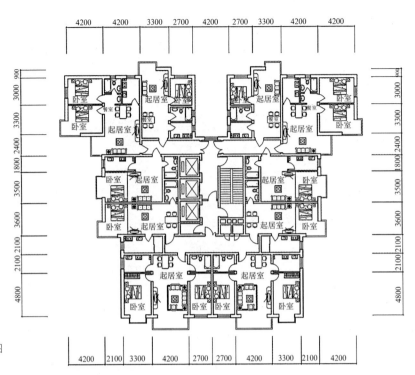

图3-4 点式住宅平面形式（图片来源：作者自绘）

套型：按不同使用面积、居住空间组成的成套住宅类型。

在《住宅设计规范》GB 50096-1999中还有一些概念，定义了住宅中的不同部分。

3.2　套型设计的依据、原则和标准

按照"每户一套住宅"的标准,要求每户应该有自己的起居室、卧室、厨房、餐厅、卫生间等房间,满足住户基本家居要求。

(1) 套型设计的依据

1) 家庭规模

主要表现为家庭人口的数量,对套内的面积和居室的数量有直接的影响。一般包括户均人口数和家庭规模的比例两个方面的内容。

户均人口数是一个国家、城市、区域研究人口问题的重要指标之一,是确定居住区人口规模的指标之一。随着社会经济的发展,城市化进程加快,传统居住模式发生改变,人们的居住条件得到改善,以及许多国家逐渐进入老龄化社会,人们观念的改变,这些均使户均人口数逐步呈现降低的趋势。我国居住区设计一般按照每户3.5人考虑,据统计现在每户都达不到3人,美国在2000年户均人口数是2.32(预测)。户均人口数影响了套型的规模,也影响了住户的数量。

家庭规模比例是指各种规模家庭在家庭总数中所占的比例,关系到不同住宅套型的比例。

孤身家庭:包括老人和成年单身的家庭,近年来呈现上升的趋势。

二口户(夫妻户为主):包括老年夫妻和年轻夫妇,由于社会老龄化和生活观念的影响,二口户也呈现上升的趋势。

三口户和四口户:属于核心家庭,在我国所占的比例最大。基本上是夫妻二人和一个孩子或两个孩子或一个孩子和一个孤身老人构成。

五口户以上的家庭在当今社会中受观念的改变,现在较少。

2) 家庭类型

根据家庭规模可以看出家庭的类型,如图3-5所示。

孤身家庭:孤身老人或单身年轻人。

夫妻家庭:夫妻二人。

核心家庭:夫妻二人和孩子。

家庭类型	孤身家庭	夫妻家庭	核心家庭	老人家庭	复合家庭
容纳人员      					
	孤身老人或单身年轻人	夫妻二人	夫妻二人和孩子	夫妻二人和老人	夫妻二人和老人和孩子	夫妻二人老年夫妻二人孩子
人口数	1人	2人	3~4人	3人	4~5人	5人以上

图3-5 家庭模式图（图片来源：作者自绘）

老人家庭：夫妻二人和老人或夫妻二人和孩子和老人。

复合家庭：夫妻二人、老年夫妻二人、孩子。

3）生理特征

指不同年龄段的人，有不同的生理习惯和生理特征，对住宅套型有不同的要求，一般年龄标准是：0~1岁为婴儿阶段，1~3岁为幼儿阶段，6岁以下为儿童阶段，6~18岁为小学、中学阶段，18~60岁为成年人阶段，60岁以上为老人阶段。住宅套型是根据家庭类型考虑不同年龄段人的生理特征设计的。

(2) 套型设计的原则

1）年龄分室

指家庭子女到一定年龄后应自己独居一室，中国城市小康住宅标准建议理想目标是子女6岁后就应和父母分室，最低目标也是到8岁和父母分室。日本是6岁，日本为鼓励子女的独立性诱导在满4岁时和父母分室。年龄分室越早，儿童的独立性越强，对住宅的要求的标准就越高。图3-6为年龄分室示意图。

2）性别分室

中国城市小康住宅标准建议子女在12岁以上应该性别分室，即不同性别的子女不能同室。

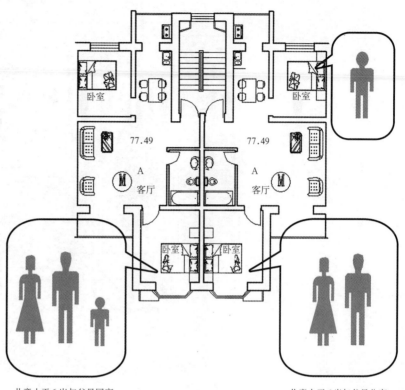

图3-6 家庭年龄分室示意图(图片来源：作者自绘)

3) 行为分室

根据居住行为的要求进行功能分室，不同居住行为要求不同的空间。一般来说居住行为主要分成四类：个人私属生活行为、社会生活行为、家务行为、生理卫生行为四部分，图3-7为某套型行为空间示意。

个人私属生活行为主要指私人就寝、私人衣物储藏、个人学习行为等。这就要求提供不同的卧室、储藏室、书房等房间。

社会生活行为主要指家庭成员起居、团聚、会客、娱乐、就餐、接送客人出入等行为。这就要求提供起居室、活动室、餐厅、门厅等房间。

家务行为主要包括做饭、洗衣、缝纫等行为，要求提供厨房、家政空间等。

生理卫生行为主要指洗浴、便溺、洗漱等，要求提供卫生间。

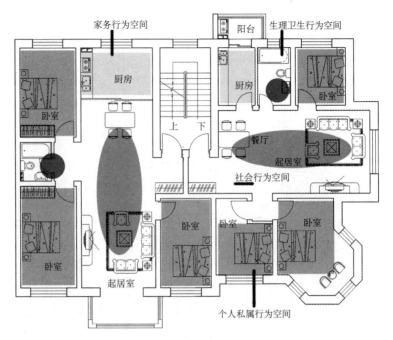

图3-7 行为空间分析（图片来源：作者自绘）

4）功能分室

公私分离：私有功能空间和公用功能空间分离，一般将公用功能空间放在户型的入口附近，私有空间放在里面，形成明确的内外、闹静功能分区。在两个功能分区之间一般形成过渡空间，卫生间位于两个区之间。

食寝分离：要求睡眠行为和就餐行为分室进行，这也是小康居住最低目标中的功能分室标准。

居寝分离：要求起居行为和居住行为分室进行，为小康居住一般目标的功能分室标准。

起居进餐和就寝分离：要求起居、就餐、就寝都达到分室，形成许多双厅的住宅，有专门的餐厅，这也是小康居住理想目标的功能分室标准。

洁污分离：套型内厨房、卫生间是产生垃圾及污秽物的场所，厨房应靠近出入口，和其他洁净的房间相分开，卫生间也不要面向起居室，入口应形成一定的换鞋区等，做到洁污分离。

(3) 套型设计的面积标准

1) 《住宅设计规范》GB 50096—1999规定了普通住宅的套型分类(表3-1)分四类（使用面积是指房间实际能使用的面积，不包括墙、柱等结构构造和保温层的面积）。

普通住宅的套型分类　　　　表3-1

套型	居住空间数(个)	使用面积(m^2)
一类	2	34
二类	3	45
三类	3	56
四类	4	68

2) 城市示范小区设计要求的套型建议标准如表3-2所示。

城市示范小区设计要求的套型建议标准　　　表3-2

项目	类别	一	二	三	四
套型面积系列标准	使用面积(m^2)	42~48	53~60	64~71	75~90
	建筑面积(m^2)	55~65	70~80	85~95	100~120

3) 《住宅设计规范》GB 50096—1999也规定了各个房间的最小使用面积。

双人卧室最小$10m^2$，单人卧室最小$6m^2$，兼起居的卧室$12m^2$，起居室应大于$12m^2$，暗厅不应超过$10m^2$。一类和二类住宅的厨房为$4m^2$；三类和四类住宅的厨房为$5m^2$；卫生间能布置3件器具，使用面积不低于$3m^2$，第四类住宅应设两个卫生间。

4) 城市示范小区设计要求的各个功能空间使用面积标准为：

主卧室$12~16m^2$，双人次卧室$12~14m^2$，单人卧室$8~10m^2$，起居室$18~25m^2$。餐厅不小于$8m^2$，厨房不小于$6m^2$，卫生间$4~6m^2$，门厅$2~3m^2$，工作室$6~8m^2$。

3.3 套内各功能用房的设计要点

住宅套内包含以下功能空间：过厅过道、起居室、卧室、书房、生活阳台、厨房、餐厅、卫生间、储藏间、服务阳台等。功能关系图如图3-8、图3-9所示。

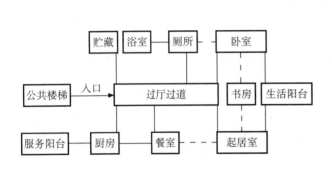

图3-8 住宅功能空间示意（图片来源：选自《建筑设计资料集3》）

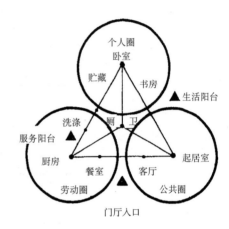

图3-9 内部功能分区示意（图片来源：选自《建筑设计资料集3》）

家庭活动与各功能房间关系如表3-3所示。

(1) 主卧室

1）特点

主卧室一般为夫妻卧室，可以考虑带婴幼儿同住；为套内主要卧室，供家庭实际中心人物居住；是套内最主要的、最恒定的空间；要求私密性好，采光、通风、隔声都要好，一般布置在南向；卧室之间不应穿越。图3-10为主卧室的位置和家具布置。

2）行为分区和家具布置

睡眠区：主要家具为双人床和婴幼儿床（带一婴幼儿时）。

双人床的布置应该三面临空，方便上下床；每面距墙或其它物品不应小于500mm；设计时应充分考虑床沿内墙布置的方便性；睡眠区宜布

家庭活动与各功能房间关系表　　　　　　　　　　表3-3

家庭生活		活动特征						适宜活动空间	
分类	项目	集中	分散	活跃	安静	隐蔽	开放	分类	普通标准住宅	较高标准住宅
休息	睡眠		○		○	○		居住部分	居室	卧室
	小憩		○		○	○			居室	卧室
	养病		○		○	○			居室	卧室
	更衣		○			○			居室	起居室
起居	团聚	○		○			○		大居室、过厅	起居室
	会客	○		○			○		大居室、过厅	起居室
	音像	○		○			○		大居室、过厅	起居室、庭院
	娱乐	○		○			○		居室、过厅、阳台	起居室、庭院
	运动		○	○			○		居室、过厅、阳台	书房
学习	阅读		○		○	○			居室	书房
	工作		○		○	○			居室	餐室、起居室
饮食	进餐	○			○		○		大居室、过厅	餐室、起居室
	宴请	○		○			○		大居室、过厅	起居室、儿童室
家务	育儿		○	○				辅助部分	大居室、过厅	起居室、杂物室
	炊事		○	○					厨房	厨房
	缝纫		○	○					大居室、过厅	起居室、杂物室
	洗晒		○	○					厨、卫、阳台	厨、卫、阳台
	修理		○	○					厨房、过厅	杂物室
	储藏		○						储藏室	储藏室
卫生	洗浴		○		○	○			厨房、卫生间	卫生间
	便溺		○		○	○			厕所、卫生间	厕所、卫生间
交通	通行		○				○	交通部分	过厅、过道	过厅、过道
	出入		○		○				过厅、过道	过厅、过道

注：此表选自《建筑设计资料集》3 第119页。

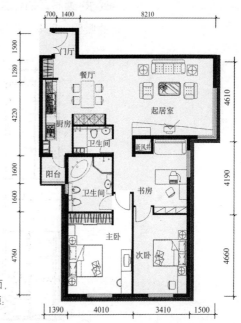

图3-10 北京峰尚住宅某户型平面，主卧室在户型中的位置（图片来源：作者自绘）

3 住宅的套型设计

置在卧室内视域较暗的部分,床头不要对着窗,以免受风,也不要面对着窗,影响睡眠质量;睡眠区应布置在主卧室靠内的位置,考虑私密性。图3-11为主卧室睡眠区家具尺寸与动作空间。

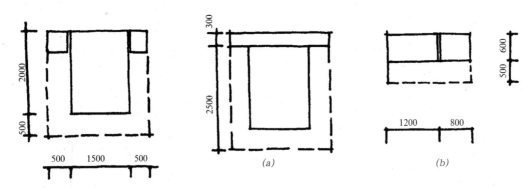

图3-11 主卧室睡眠区家具尺寸与动作空间(图片来源:《跨世纪的住宅设计》)
(a)双人卧具与动作空间;(b)婴儿床、衣物柜与动作空间(临时性)

读写区:一般布置书桌,在没有独立书房的套型内在卧室内一般都布置。书桌的大小一方面满足阅读、书写的要求,一方面满足卧室内的空间要求,读写区的位置应考虑采光口的位置和光源方向,力求白天得到较好的照明。图3-12为主卧室工作区家具尺寸与动作空间。

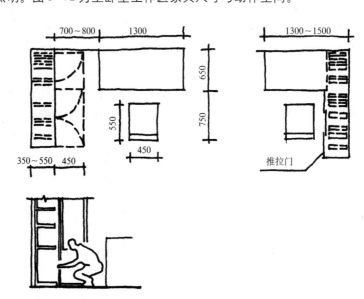

图3-12 主卧室工作区家具尺寸与动作空间(图片来源:《跨世纪的住宅设计》)

储存区：卧室内一般都要考虑储存衣物的空间，较大的主卧室应设置更衣室。一般在卧室内设置衣柜，根据主卧室的具体空间特征沿墙布置。图3-13为主卧室储藏区家具尺寸与动作空间。

(2) 卧室

1）特点

一般考虑为单人卧室，也可以考虑双人卧室，二者在最低面积指标上会不同，相对于主卧室而言处于次要地位，可供老人、成年人、少年人、儿童居住。针对不同年龄的人居住室内布置会有所偏差，如为老人考虑的卧室应争取好的日照条件，特别是北方冬季，老人在家里时间较长，日照很重要，应充分考虑老人休息时间较多，并要方便和家里人联系。未成年

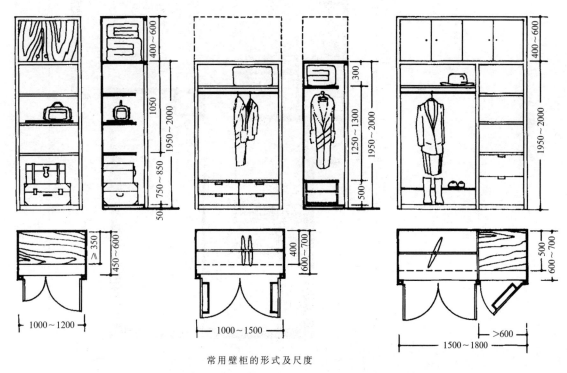

常用壁柜的形式及尺度

图3-13 主卧室储藏区家具尺寸与动作空间（图片来源：选自《建筑设计资料集3》）

人的卧室应满足其心理要求，布置应灵活一些，色彩活泼一些。一般卧室也要满足日照、通风、朝向的要求。图3-14为卧室的位置和家具布置。

2）行为分区和家具布置

也分为睡眠区、读写区和储存区，睡眠区的家具可为单人床，为老人考虑的卧室应考虑会客区，布置沙发、茶几等，卧室内也应考虑留出摆放电视的空间，要求有电视柜。

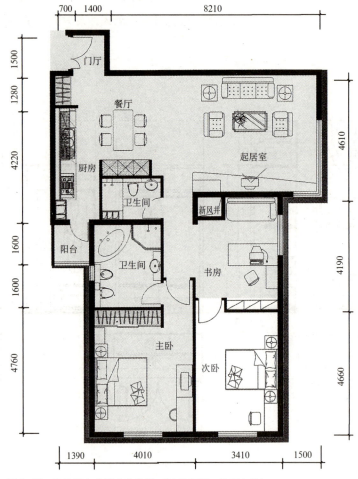

图3-14　次卧室在户型中的位置（图片来源：作者自绘）

房间合适尺寸和空间组合如图3-15、图3-16所示。

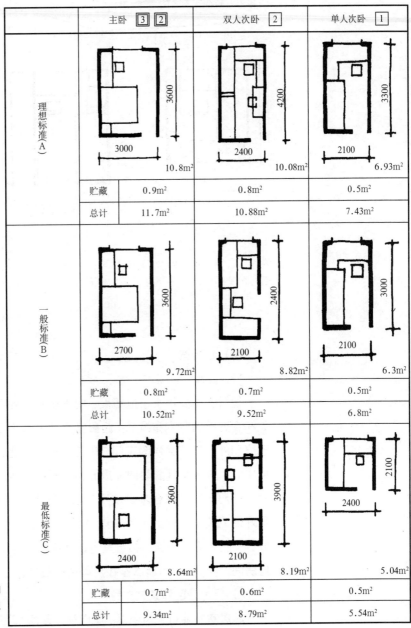

图3-15 卧室空间基本尺寸和家具布置（图片来源：《跨世纪的住宅设计》）

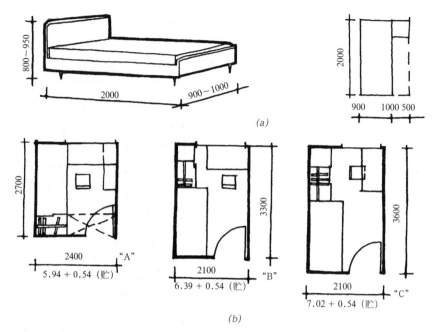

图3-16 单人次卧室布置（图片来源：《跨世纪的住宅设计》）
(a) 睡眠区家具、行为空间；(b) 小面积单人次卧室平面布置

（3）起居室

1）特点

起居室主要用于家庭团聚、观看电视、会客等活动。也有将家居行为和会客行为分别布置的；起居室空间是家庭活动的中心，也是套型内家庭和外界交流共同的空间，在套型中位置比较重要，是各类房间的转换中心；应该有好的朝向，最好为南朝向，通风、采光都要较好；起居室的门洞布置应综合考虑使用要求，减少直接开向起居室的门的数量，最好形成袋状空间，布置家具的墙面直线长度不小于3m；空间视野要好，一般和阳台相连；起居室可以和餐厅、过道相连，可以穿套进入其他房间。图3-17为起居室在户型中的位置。

2）行为分区和家具布置

起居室主要行为为团聚、看电视、会客、活动等，家具包括沙发、茶

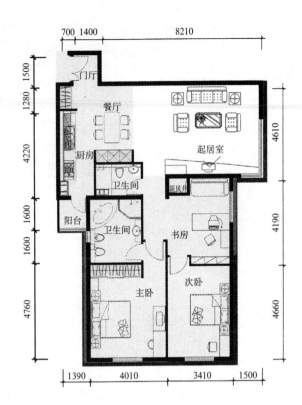

图 3-17 起居室在户型中的位置（图片来源：作者自绘）

几、电视柜以及其他单件家具，如花架、椅凳、躺椅或者健身器械（单独有活动室的除外）。图 3-18 为起居室会客的尺度。图 3-19、图 3-20 为起居室行为功能图。

沙发、电视家具一般沿墙布置，有直线式的布置和转角式布置两种，一般根据起居室的形状确定。

沙发的区域一般布置沙发、茶几、角几、花架等，人们可以围坐，进行聊天、看电视等活动。电视的区域一般布置电视柜、家用电器等，人们收看电视时一般要求要有良好的视距，距离为电视荧光屏对角线长度的五倍，这就要求电视柜要合理布置，也要求起居室空间要有合理的宽度。图 3-21 为起居室沙发尺寸。

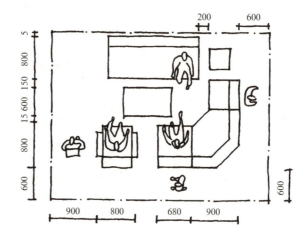

图 3-18 起居室会客尺寸（图片来源：《跨世纪的住宅设计》）

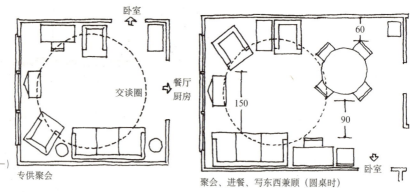

图 3-19 起居室功能空间（一）
（图片来源：不详）

专供聚会　　　　　　　　聚会、进餐、写东西兼顾（圆桌时）

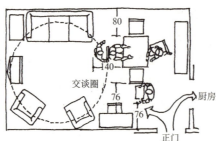

图 3-20 起居室功能空间（二）
（图片来源：不详）

聚会、进餐、写东西兼顾（矩形桌时）　　厨房、餐厅便于通行的尺寸

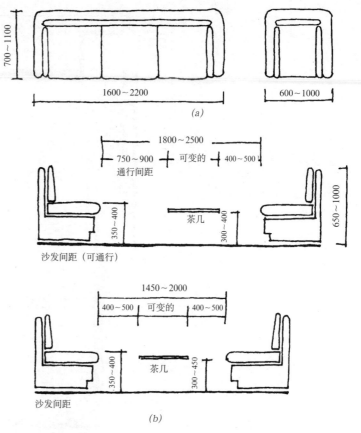

图 3-21 起居室沙发尺寸（图片来源:《跨世纪的住宅设计》）

（4）工作室（书房）

1）特点

书房是家庭工作学习的房间，空间和家具布置应满足这种行为；没有条件设书房的套型，应在起居室或卧室内设置学习的空间；采光、通风要良好；在套型内位置应相对隐蔽，避免闹的活动对它的干扰；SOHO家庭的书房的朝向要好，满足主人在家工作的要求，面积也要大一些。图 3-22 为书房在户型中的位置。

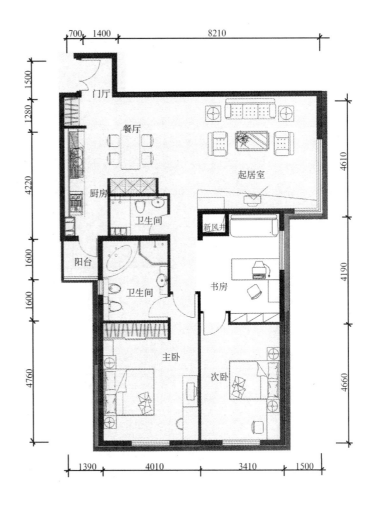

图 3-22　书房在户型中的位置
(图片来源：作者自绘)

2) 行为分区和家具布置

主要的行为是阅读、学习和工作，家具主要是书桌、书架、工作台；书桌和工作台尽量靠近窗户，书柜应沿墙布置，方便取用。

(5) 餐厅

1) 特点

满足家庭就餐的空间；和厨房要有紧密的联系，有时和厨房一起形成 DK 式空间，也可以和起居式合在一起形成 DL 空间；空间要摆下固定的餐桌；在没有独立式餐厅的套型内可以考虑在厨房、起居室、过道内进餐，可以采用活动餐桌的形式,要求这些房间要有独立的墙面和空间满足就餐行为;在套型内餐厅是和起居室、过道等空间联系在一起的。图3-23为餐厅在套型中的位置。

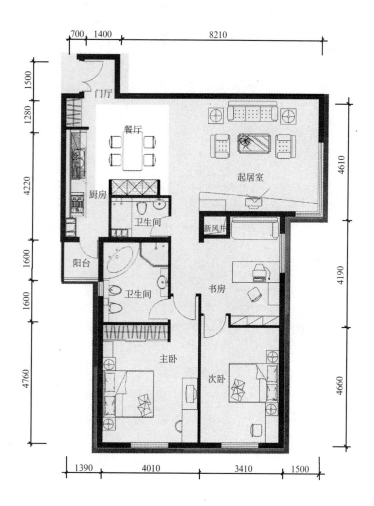

图 3-23　餐厅在户型中的位置
(图片来源:作者自绘)

2)行为分区和家具布置

　　主要的行为就是就餐,有时也有做家务、儿童学习、休闲等行为,主要家具为餐桌、餐柜,有时有吧台,如图3-24所示。

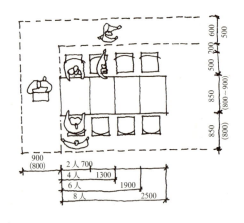

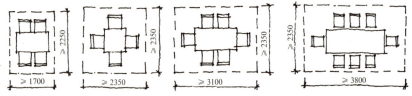

图 3-24 就餐基本尺寸（图片来源:《跨世纪的住宅设计》）

（6）厨房

1) 特点

厨房是家庭内的必需空间，主要从事炊事活动；保证使用者的私密性和安全性；环境应卫生、洁净，防止空气污染，防止渗漏，妥善处理垃圾污物；要求和餐厅（就餐空间）、服务阳台、储藏等空间有直接的联系；厨房应靠近户门，这样可以方便购物入内和清除垃圾，在流线上避免经过私密区或经过起居室达到厨房，不利于洁污分流；要有直接的采光、通风，对朝向要求不高；厨房需要考虑设备、管道、通风等方面要求，涉及到建筑、结构、设备（给水排水、供暖、热水、通风、电气）等多专业配合；设备和设施涉及到模数协调原则，便于安装和有效利用空间；要满足人体工效学的要求，方便操作，使用舒适。图 3-25 为厨房在套型中的位置，此厨房为开敞式厨房，适于简单加工食品。

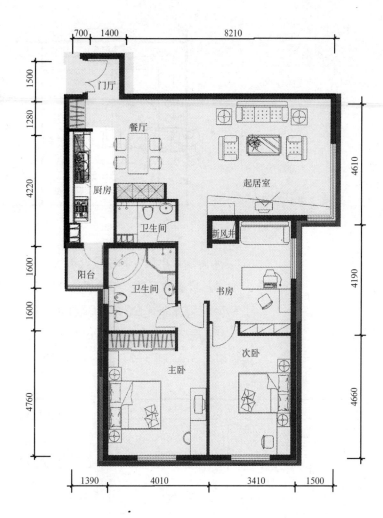

图 3-25 厨房在户型中的位置
（图片来源：作者自绘）

2）炊事行为与厨房设备配置

厨房工作三角形是指厨房内的冰箱、灶台、洗涤池三点连成的三角形，用来表示人们在炊事行为中的走动方式。这三点安排得是否得当，影响人们操作的舒适性和便捷性，国际有关研究认为厨房工作三角形三边之和应为 3.6~6m。图 3-26 为厨房工作三角形示意图。

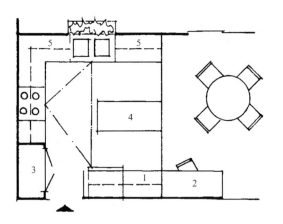

图 3-26 厨房工作三角形示意图（图片来源：《跨世纪的住宅设计》）
1—冰箱；2—家务专用小桌；3—食具柜；4—岛式柜；5—台柜

3）厨房最小尺寸和家具设备尺寸

（A）厨房的尺寸：相关规范中规定单排布置设备的厨房净宽不应小于1.5m，双排布置设别的厨房其两排设备的净距不应小于0.9m。

相关规范中规定厨房最小面积在一类和二类住宅中为4m²，三类和四类住宅为5m²。图3-27为厨房尺寸和布置。

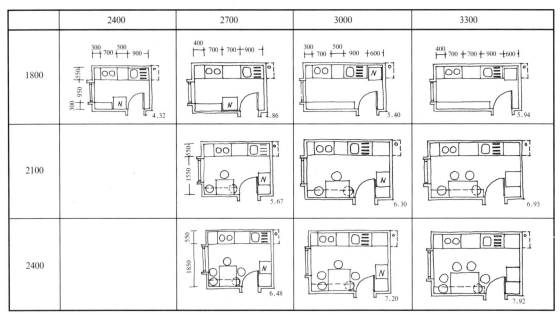

图 3-27 厨房平面尺寸（图片来源：《跨世纪的住宅设计》）

小康住宅和示范住宅标准适当放宽。

图 3-28 为厨房平面布置图；图 3-29 为厨房的平面和立面图。

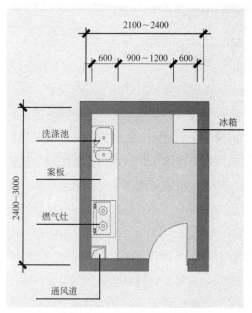

图 3-28 厨房平面图（图片来源：作者自绘）

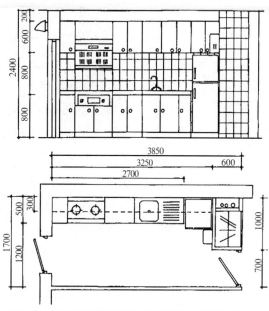

图 3-29 厨房平面和立面图（图片来源：《跨世纪的住宅设计》）

（B）厨房设备尺寸：

长度：操作台的净长度不少于 2.1m，布置燃气灶、洗涤池、一定的操作台案长度，如图 3-30 所示。

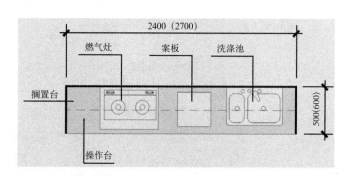

图 3-30 设备台平面尺寸和布局
（图片来源：作者自绘）

高度：操作台的高度一般为800～900mm，上部吊柜的高度可根据人体高度做到取物方便，避免碰头等。排油烟机距灶眼一般为700mm高。

宽度：操作台的宽度为500～600mm。

冰箱的尺寸一般按照600mm×600mm考虑。

4）厨房设施技术设计要点

(A) 通风技术：在烹饪的过程中排除大量的气体，应控制其排向厨房或其他房间的气体量，气体应最快、最大量排到室外去。通风方式一种是自然通风，通过开启窗扇的窗户排到室外，北方的冬季不易开启窗扇；一种是通过垂直的竖向通风道排除，排风机的风口直接连接通风道排除，排油烟机应靠近排风道；还有一种是利用水平的排风道排除，由于下层厨房排除的油烟对上面住宅有干扰，一般管理好的小区不许采用这种形式。

(B) 垃圾处理：每天厨房都会产生大量的垃圾，一般采用塑料袋封扎的方式处理。相关规范中规定住宅不宜设置垃圾管道，当设置垃圾管道时不应紧邻卧室、起居室布置，多层住宅的垃圾管道的净尺寸不小于400mm×400mm。

(C) 上下水管道技术：厨房的竖向管道应布置在一角，应和洗涤池有直接的连接，并应方便读表；装修后安装的应注意维修要方便；另外厨房地面、墙面应做好防水处理，特别是竖管在楼板处的防水，一般采用套管处理。

(D) 采光、照明、电器：《住宅设计规范》GB50096-1999要求厨房直接对外通风、采光。

厨房是照度要求比较高的地方，洗、切、烹饪都需要较明亮的照明，一般是整体照明和局部照明相结合。

厨房内电器越来越多，在设置中对于插座的数量、位置、高度、插口的形式都有较高要求。

(E) 燃气：城市住宅主要通过管道输送燃气，管道的位置、读表的方便性以及安全性对厨房设计都至关重要。

(F)供热水：高档小区提供热水，通过管道进入厨房或卫生间，目前大多数住宅还是通过电热水器和燃气热水器提供热水，一般放在厨房或卫生间内，对于燃气热水器应保证安全。

图3-31为厨房设备管线布置图，管线位置视情况有所不同。

（7）卫生间

1）特征

住宅内卫生间是供住户家庭卫生使用的专用空间，是体现一个家庭和社会生活水平的空间，卫生间已经成为追求身体健康、享受家庭生活和锻炼身体的场所；一般满足洗漱、化妆、洗浴、便溺等功能外，还要满足洗衣等家务活动、锻炼身体、娱乐的功能；卫生间一般布置在公用空间和私密空间过渡的位置，既要方便人们使用，又要放在相对隐蔽的地方，往往靠近卧室，并减少对起居室干扰。卫生间的门不要正对起居室，也不要开向厨房；三个以上卧室的套型可以考虑两个卫生间，其中一个作为主卧室的专用卫生间；对于两代居住宅，老人卧室最好有专门的卫生间；卫生间应保证通风换气的通畅；相关规范中规定卫生间不应直接布置在卧室、起居室、厨房的上层，可布置在本套内的卧室、起居室、厨房的上层，并均应有防水、隔声和便于检修的措施。图3-32为卫生间在套型中的位置。

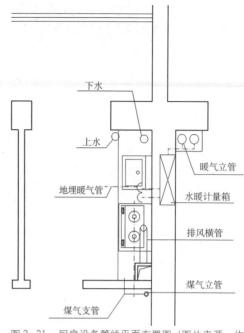

图3-31 厨房设备管线平面布置图（图片来源：作者自绘）

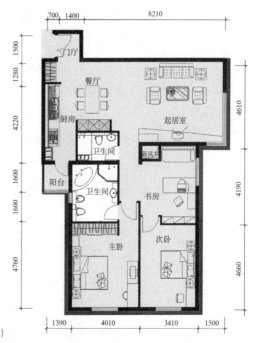

图3-32 卫生间在户型中的位置（图片来源：作者自绘）

2) 卫生行为和设备、设施配置（表3-4）

卫生间生理卫生行为及设备　　　　　表3-4

项目	私密型行为		一般行为		
行为	便溺、净身	洗浴	洗脸、洗发、漱口、剃须、化妆	洗衣、熨衣	收存
小康水平重点设备设施	大便器、通风器、电源插座	盆浴或淋浴器	洗面器、洗面化妆台、镜面	洗衣机、机盘	储存吊柜或小侧柜
发展型设备设施	便器水箱、节水洗手器	储柜、浴盆、透明隔断	专用水龙头、局部照明设施、电源插座	晾衣架、熨衣板、电源插座	专门壁柜
国际高级附加设备、设施	净身器、书报小搁架	高级浴盆、浴房、除湿通风装置	双洗面化妆台、大镜面、专用更衣间	烘干机、台柜、自用水槽	可入内衣柜、台柜、侧柜

（A）便器：有蹲式和坐式，目前家庭常采用坐式。坐便器一般为650mm×340mm×(390～450)mm，便器下穿越楼板在下层空间连接到竖管，影响下层住户。

（B）洗浴器：淋浴或盆浴，或两者都有，一般卫生间应考虑设置浴盆的空间，浴盆常见的尺寸是750mm×1500mm×(340～400)mm。

（C）洗面盆与化妆台：为必须设置的设施，一般将台柜、侧柜、镜子、化妆台、局部照明、剃须等一起考虑。

3）卫生间的面积

《住宅设计规范》GB 50096—1999 考虑3件洁具应大于$3m^2$，两件洁具为$2～2.5m^2$，一件为$1.2m^2$，家庭总的应满足3件洁具。《小康示范小区规划设计导则》规定为$4～6m^2$，以上面积均不含风道、管道井的面积。图3-33为卫生间空间尺寸和布局。

4）通风技术和管道布置

（A）通风换气：卫生间必须通风换气，有条件的可利用自然通风，无条件的可利用竖向通风道，采用机械排风设施。

（B）管道安装：卫生间管道较多，尽量暗装，可设置管道井，便于检修，设计时应充分考虑管道对空间的影响。图3-34、图3-35为卫生间和

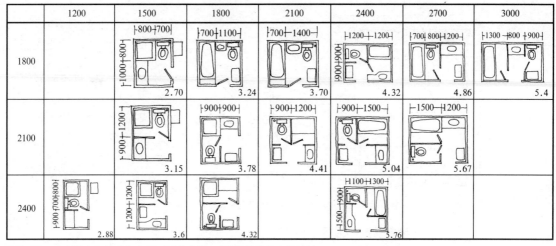

图 3-33 卫生间空间尺寸和布局（图片来源：《跨世纪的住宅设计》）

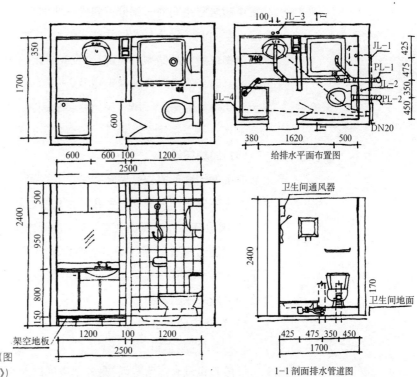

图 3-34 卫生间设备布置图（图片来源：《跨世纪的住宅设计》）

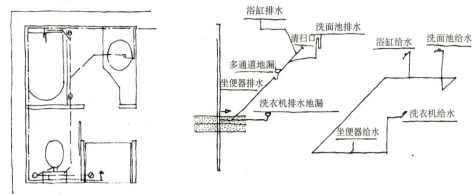

图 3-35　卫生间设备系统图（图片来源：《跨世纪的住宅设计》）

设备管线布置图。

（8）阳台

包括生活阳台和服务阳台，生活阳台一般和主卧室、起居室相连，服务阳台一般和厨房相连；北方住宅一般将阳台进行封闭，生活阳台成为卧室或起居室空间的一部分，安排一些健身、休闲等功能，服务阳台成为厨房空间的一部分，人们往往习惯将厨房的灶台移至阳台，阳台也是家庭杂物或者食品储藏的一部分；没有封闭的阳台则成为人们休闲、瞭望的空间；阳台的进深目前常采用 1.2~1.5m，阳台栏板或栏杆的高度多层为 1.05m，高层为 1.1m；采用栏杆的阳台，栏杆的垂直间距净距不大于 0.11m，不应采用水平栏杆；阳台应设晾晒衣物的设施。

（9）储藏空间

有条件的套型内应有储藏空间，卫生间、厨房都可安排专用储物空间，力求降低房间内的家具系数（家具所占的面积占空间使用面积的比率），如果没有条件设置储藏室，有些房间应该考虑放置家具或设置壁橱后实际的使用面积。《住宅设计规范》GB 50096—1999 规定吊柜净高不应小于 0.40m，壁柜净深不宜小于 0.5m，设在底层或靠外墙、靠卫生间的壁柜内部应采取防潮措施。

（10）套内公共空间

1）入口过渡空间

一般入口设有过渡空间，是外部空间进入套型内的转换空间，供人们完成心理转换，进行换鞋、更衣、放置雨具等活动。相关规范中规定套内入口过道净宽不宜小于1.2m。

2）过道

在套型设计中应尽量减少非必要的过道交通面积，提高使用效率；空间内尽量不要出现内走廊，应将过道适当和其他空间合用，如将走道的空间结合起居室内，起居室会感觉很大。相关规范中规定通往卧室、起居室的过道净宽不应低于1m，通往厨房、卫生间、储藏室的过道净宽不应小于0.9m，过道拐弯处的尺寸便于搬运家具。图3-36为入口过渡空间和走廊。

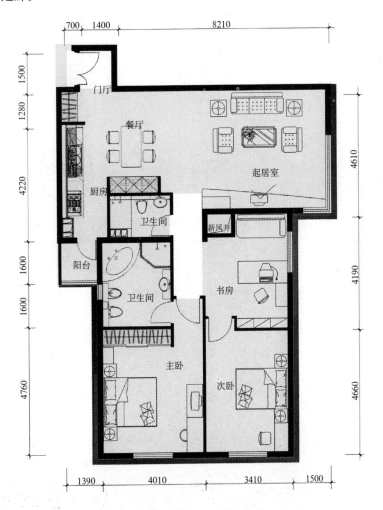

图3-36 套内入口和室内小走廊位置图（图片来源：作者自绘）

3）套内楼梯间

当采用复式或跃层的住宅需要设置套内楼梯间，楼梯间的位置既要方便上下，又不要对其他空间产生影响。套内楼梯间一般坡度较大，不宜做成封闭式。相关规范中规定套内楼梯的梯段净宽，一面临空时不应小于0.75m，两侧有墙时不应小于0.9m，套内楼梯的踏步宽度不应小于0.22m，高度不应大于0.20m，扇形踏步围角距扶手边0.25m处，宽度不应小于0.22m，如图3-37所示。

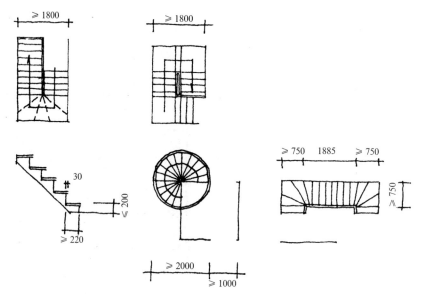

图3-37 套内楼梯（图片来源：《跨世纪的住宅设计》）

3.4 套型公共部分设计要点

(1) 公共楼梯与走廊

公共楼梯与走廊在住宅中主要满足行走、搬运家具、救护、疏散等要求。楼梯是垂直交通空间,走廊是水平交通空间,将各个套型按照一定方式组织起来。另外楼梯和走廊也起到交往空间的功能,如图3-38所示。

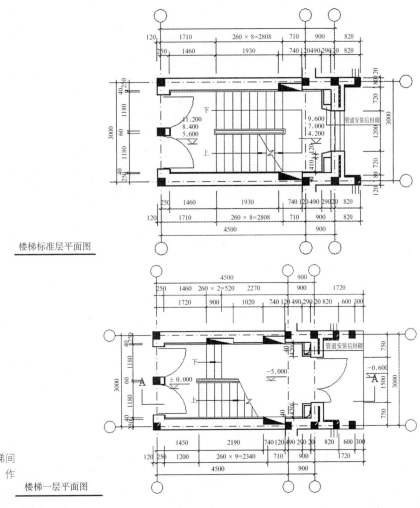

图3-38(一) 多层住宅楼梯间平面图、剖面图(图片来源:作者自绘)

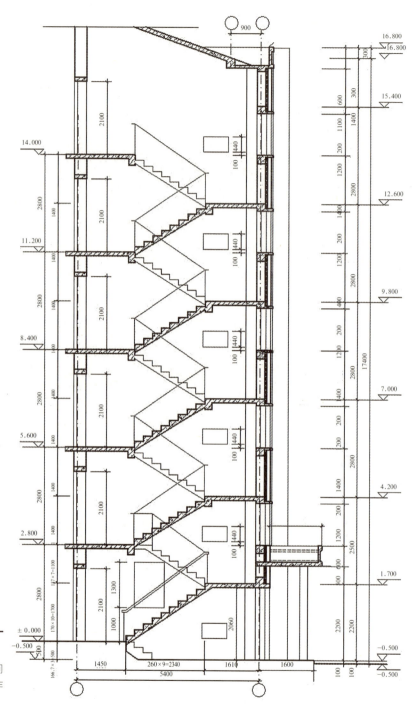

A-A 剖面图

图3-38（二） 多层住宅楼梯间平面图、剖面图（图片来源：作者自绘）

多层住宅的楼梯间应有自然通风和采光,梯间的位置应靠近外墙。高层住宅的疏散楼梯可以不靠近外墙,但要考虑机械送风和排烟(高层内的楼梯间设置见《高层建筑设计防火规范》GB 50045(2001版)。在住宅中楼梯间和走廊的面积在满足规范的前提下应控制在一定的范围内,保证住户分摊的公共面积最小,相对套内使用面积最大。图3-39为某高层住宅楼梯间平面图。

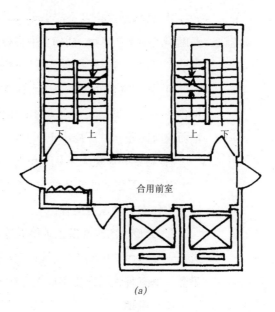

(a)

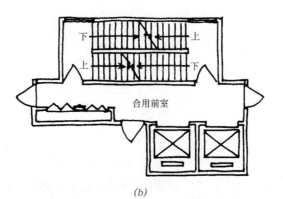

(b)

图3-39 高层住宅楼梯间平面图
(图片来源:作者自绘)

(a) 楼梯间分开布置的平面;(b) 剪刀楼梯间横向布置的平面

《住宅设计规范》GB 50096—1999 对楼梯和走廊等公共部分作了以下规定：

1）楼梯间设计应符合现行标准《建筑设计防火规范》GB 50016—2006 的有关规定。

2）楼梯段净宽不应小于1.1m（楼梯梯段净宽系指墙面至扶手中心之间的水平距离）。

3）楼梯踏步宽度不应小于0.26m，踏步高度不应大于0.175m。扶手高度不应小于0.90m。楼梯水平栏杆长度大于0.50m时，其扶手高度不应小于1.05m。楼梯栏杆垂直杆件间净空不应大于0.11m。

4）楼梯平台净宽不应小于楼梯梯段净宽，且不得小于1.20m。楼梯平台的结构下缘至人行通道的垂直高度不应低于2m。入口处地坪与室外地面应有高差，并不应小于0.10m。

5）楼梯井净宽大于0.11m时，必须采取防止儿童攀滑的措施。

6）7层及以上住宅或住户入口层楼面距室外设计地面的高度超过16m以上的住宅必须设置电梯。

7）外廊、内天井及上人屋面等临空处栏杆净高，低层、多层住宅不应低于1.05m，中高层、高层住宅不应低于1.10m，栏杆设计应防止儿童攀登，垂直杆件间净空不应大于0.11m。

(2) 电梯

电梯一般用于高层住宅内，一般规定当套型入口处的高度比室外高16m时，就应设置电梯。

相关规范中规定11层以下一般设置一部电梯，12层（包括12层）以上应设置两部以上的电梯。高层部分的消防电梯应满足《高层建筑设计防火规范》GB 50045（2001版）。

(3) 住宅入口空间

1）套型入口空间

是指从楼梯间或走廊到达套型入口处的缓冲空间。由于套型面积的限制，范围比较模糊，在楼梯间式的套型组合中体现不明显，楼梯间加短走廊式的套型组合中和外廊式的布局中应用较多，其本身起到功能转换的作用。套型入口空间对于每个楼层的住户交往、保障私密性都起到很大的作用，如图3-40所示。

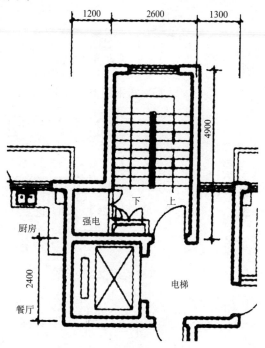

图3-40 楼梯和电梯与套型入口关系图（图片来源：作者自绘）

2）住宅入口空间

是指从室外到达楼梯间之间的门厅、门廊等空间，是由室外公共空间进入私密空间的半公共性空间。包括室外和室内两个部分，即门里门外。室内部分一般有专门的门厅，有时利用楼梯间下部（北入口北楼梯的单元）。前者比较宽敞，便于交往，可布置牛奶箱、书报箱，缺点是分摊面积较大，相应提高了套型标准；后者从楼梯间下部入口，高度较低，还要布置台阶和电气、采暖设施，空间较为局促，不便交往，牛奶箱、书报箱一般也布置在室外。室外部分是由入口台阶和雨棚上下围合的过渡空间，有时可扩大形成一个单元的小的活动场地，布置绿化、铺地、座椅，人们可以聊天、做家务，促进邻里关系，是积极的空间。图3-41为某高层住宅的一层门厅。

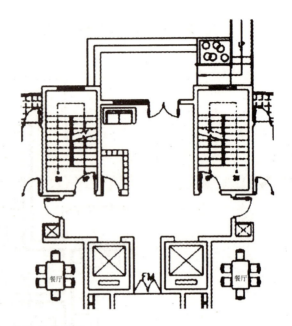

图3-41 高层一层门厅（图片来源：作者自绘）

（4）其他公共设施

包括集中的管道井、信报箱、牛奶箱等。管道井一般布置在楼梯间内，便于检修和计量。信报箱根据门厅的类型放在室内或室外，方便取送。图3-42为高层住宅电梯厅平面布置。

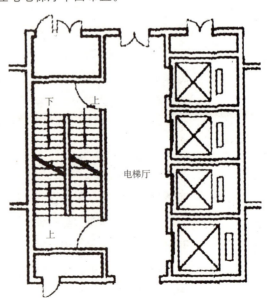

图3-42 高层电梯核布置图（图片来源：作者自绘）

4 住宅的套型组合平面形式

　　套型的平面组合与套型的面积、标准、总平面的形式、位置、朝向、人们居住的模式和观念、地域特点等都有关系。一般有楼梯间式（单元式）、点式、走廊式、跃层式和其他形式等几种。采用何种形式要因地制宜，具体环境具体分析，关键在于能否符合当地居民的习惯、能否最大限度地利用土地、照顾多方面的利益，不应仅从提高居民的居住面积的角度考虑套型组合。如原来采用的内走廊式，解决了一大批人的居住问题，但因其朝向、采光、通风都不太好，现在已经较少采用，如果仅从形式考虑采用内走廊，就不会提高居住质量。

4.1 楼梯间式（单元式）

（1）特点

1）是多层住宅和小高层住宅设计中最常见的一种平面组织形式，用楼梯间联系套型形成较为紧凑的布局方式。

2）水平方向通过楼梯间的平台联系两个及两个以上的套型，一般每个套型只占用一层，近几年有在顶层全跃到阁楼的。

3）楼梯的位置因为采光的要求一般靠近外墙布置。放在内部可以依靠内天井采光，由于采用内天井的住宅的居住质量较低，这种形式也已不多见。南方可以作敞开楼梯间，放在室外，北方不多见。

4）平面套型组合一般为一梯两套、一梯三套和一梯四套的，其中以一梯两套为主，一梯三套和一梯四套因为中间户（三阳房）通风差，目前仅在小户型的商品房中采用。

5）一般住宅是由多个平面套型组合组成的，又称为单元式住宅。单元组合后处于中间的单元仅有两个采光面，端单元靠近山墙的套型可以考虑山墙采光，一般也作为次采光面。

图4-1～图4-4为楼梯间式的单元平面。

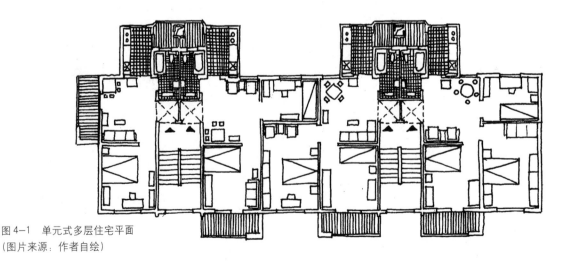

图4-1 单元式多层住宅平面
（图片来源：作者自绘）

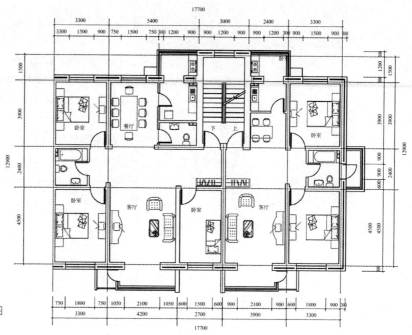

图 4-2 住宅单元图（一）（图片来源：作者自绘）

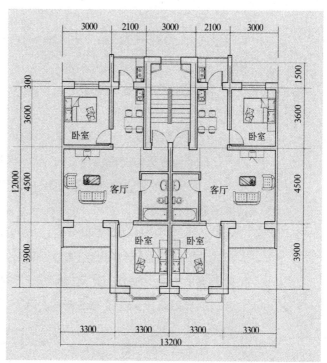

图 4-3 住宅单元图（二）（图片来源：作者自绘）

4 住宅的套型组合平面形式

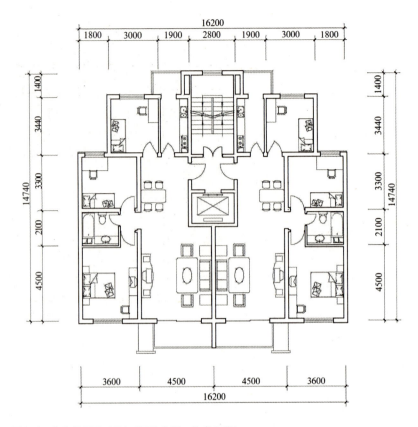

图 4-4 住宅单元图（三）（图片来源：作者自绘）

(2) 一梯两套

是最为常见的套型组合方式，套间相互干扰较少，通风、采光和朝向较好。楼梯一般处于中部靠外墙的位置，套型的入口在中间核心，利于套型内部平面的组织。

一梯两户的楼梯间面积分摊的较多，套型面积较大时会比较经济。

为了保证土地利用的经济性，开间、进深要合理，一般在面积相同的情况下，进深越大、开间越小，土地的利用率越高，但不利于居住。合理的套型既要保证足够的面宽，采光、通风都很良好，又要有合理的进深。

图 4-5、图 4-6 为一梯两户的单元平面图。

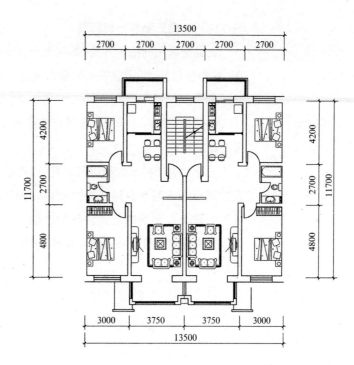

图 4-5 单元平面图（一）（图片来源：作者自绘）

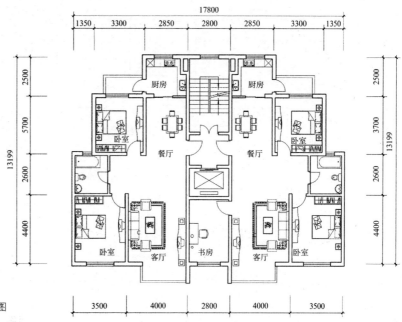

图 4-6 单元平面图（二）（图片来源：作者自绘）

4 住宅的套型组合平面形式

(3) 一梯三套和一梯四套

也是常采用的组合方式,相对于一梯两套而言,它们的楼梯利用率较高,朝向也较好,特别是在小的套型组合中常常采用,在以前较长一段时间被采用。

中间套型的通风问题一直没有被解决,这种问题在通风要求较高的地区更比较明显。

一梯四套楼梯间的利用率较高,也存在着交通空间过分拥挤的问题,通过加小走廊缓解交通压力。四户开间也受到限制,一般中间的为小面积的套型,两侧的为大面积的套型。

一梯四套有时也采用横向楼梯,套型进深不大。一梯四套应用于转角单元的也较多。

图4-7为一梯四户的单元平面图。

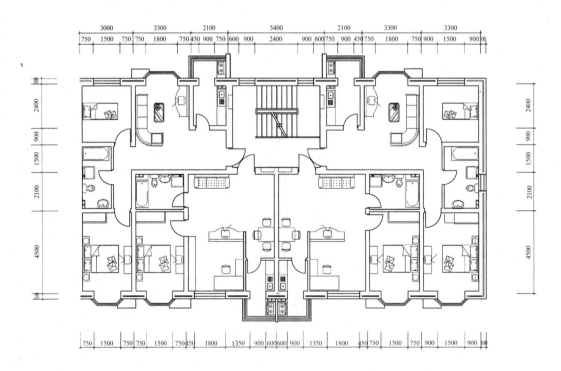

图4-7 一梯四户单元平面图（图片来源：作者自绘）

4.2 点式

用一个垂直交通核连接三个及三个以上的套型组合,有时最多达十几套。

建筑往往四面临空,采光都较好,当套数较多时日照得不到满足,中间部位的通风不好。

在居住区中一般布置高层点式,可以活跃整个居住区的布局,提高容积率和土地利用率,多层较少采用。

在平面布置上,为了争取好的朝向(《住宅设计规范》GB 50096—1999要求每套住宅至少有一个居住空间能获得日照),一般采用南狭北阔的平面形式,使北面的套型获得更多的南向房间,也有的住宅采用方形,一部分套型不当。

点式住宅中视线相互干扰比较严重。

图4-8~图4-10为点式高层的标准层。

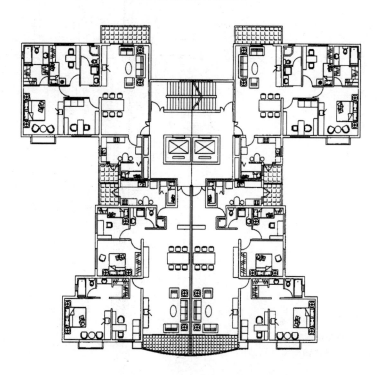

图4-8 点式高层标准层(一)
(图片来源:作者自绘)

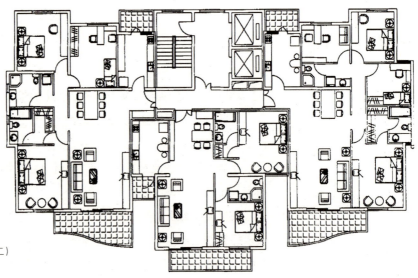

图4-9 点式高层标准层(二)
(图片来源:作者自绘)

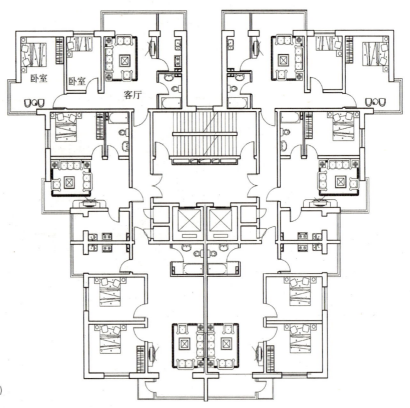

图4-10 点式高层标准层(三)
(图片来源:作者自绘)

4.3 走廊式

分为外廊式、内廊式和短走廊式。

1）外走廊：此类型易取得好的朝向、通风、日照，一般进深较小，缺点是居住质量不高，视线有干扰，用地不经济。外廊开敞，在北方不适合，封闭后，靠近外廊的房间采光、通风都受到影响。在多层住宅中外廊式已经较少采用，高层中仅在公寓式的或者SOHO式公寓中有利用。外廊式的住宅为了解决廊道对套型的影响采用飞廊形式，形成连续的内天井，又称为雁式，解决了靠近廊道房间的采光、通风问题，这种形式对结构和抗震要求都较高，在国外这种形式采用较多。

2）内廊：标准较低，通风不好，有一半的套型朝向不好，目前已经较少采用。

3）短廊式：一般和楼梯间式结合一起，常在一梯多套中采用，解决楼梯间式的交通拥挤和视线干扰等问题。

图4-11为一走廊式公寓住宅。

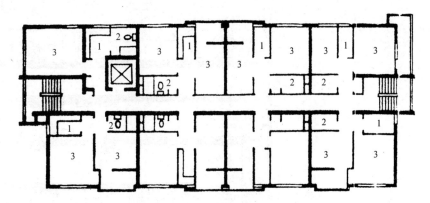

1-厨房；2-卫生间；3-居室

图4-11 某公寓标准层平面图（图片来源：作者自绘）

4.4 跃层式

跃层式住宅是国外住宅常见的一种形式，即每个套型跨越两层或者三层，通过楼梯间或者走廊到达套型入口。特别是通过内、外走廊到达套型入口的跃层，解决了通风、采光等问题，如柯布西耶设计的马赛公寓。我国采用跃层式主要在顶层跃阁楼的形式，采用跃层式的住宅面积一般都较大。

图4-12为马赛公寓居住单元图。

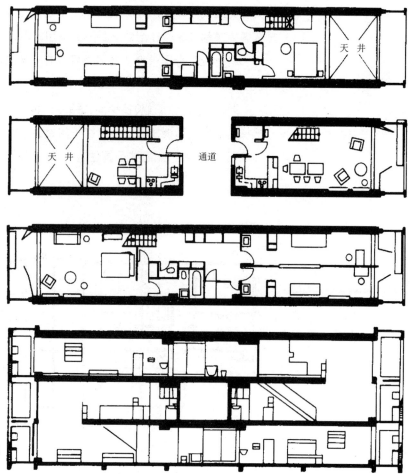

图4-12 马赛公寓居住单元图
（图片来源：不详）

4.5 台阶式

　　台阶式住宅是将下层套型的屋顶作为上层套型的专用室外空间,当配合山坡地形后退布置易于实现,当地势平坦且层数较多时这种覆面式住宅内部空间的利用又是一个难点。在城市中这种形式的住宅较少采用,一般选择在山地。图4-13为安滕忠雄设计的六甲集合住宅。

图4-13　六甲集合住宅（图片来源：不详）

4.6 复式

这是一种利用空间的经济性住宅，起居室等空间要求层高较高，卧室、卫生间、厨房等相对要求较低。利用其上部形成夹层，增大使用空间，夹层内不应有管道穿过。复式住宅的夹层舒适度差，房间较低。设计中可以考虑较高的层高，由用户自行改造为好。

图4-14为某复式住宅空间概念图。

剖面概念一

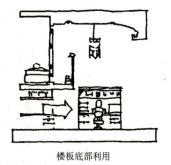

楼板底部利用

剖面概念二

顶棚利用

图4-14　某复式住宅空间概念图（图片来源：作者自绘）

5 住宅的立面设计

5.1 住宅立面形式特点、设计原则

建筑立面设计是集建筑功能、建筑构件和建筑的材料、色彩于一身，运用对比、虚实、同一、穿插、前后以及节奏感、韵律感、次序性、几何性等美学原理，在满足内部功能的前提下，创造出适合人们审美要求的立面形象，是人们视觉范围内感知、认知的形象，决定了社会、城市的发展水平。住宅由于其内在的功能特点，具有和其它类型建筑不同的特点，也会形成自身的设计原则。彩图5-1、彩图5-2为住宅立面形式。

（1）住宅立面的形式特点

1）住宅的功能是以每户为一个完整的功能单元，最后组合叠加的，每户中的各个房间都要求采光，通风，影响了立面形式的表达，立面的窗户较多，比较有规律性，开窗大小都一样，形成了和其它类型建筑不同的立面特点，相应的住宅立面创作的空间较窄。

2）住宅是城市中建设量最大的建筑类型，在城市中往往是其它类型建筑的"底"、"背景"，也往往最能反映城市的形象、风格、特点。

3）住宅和人们日常的生活最为接近，应反映人们的日常生活习惯、习俗、审美要求，同时也应最为精致。

（2）住宅立面的设计原则

1）功能性原则

满足建筑功能是首要条件，不能因为追求立面的变化，影响内部房间的使用。彩图5-3、彩图5-4等立面的窗、阳台、构件、墙体等都遵循了内部功能。

彩图5-1　上海万科城市花园住宅局部立面（图片来源《万科的作品1988—2004》）

彩图5-2　大连某小区住宅立面（图片来源：作者自拍）

彩图5-3 杭州"春江花园"小区住宅立面（图片来源：都铭拍摄）

彩图5-4 沈阳铁西区某住宅小区住宅立面（图片来源：作者自拍）

彩图5-5 上海某住宅（图片来源：作者自拍）

2）整体性的原则

住宅的立面应完整统一，不能为了追求变化而变化，一栋楼的立面要统一，一个小区的立面也要统一。这种统一包括立面的形式、色彩、材料以及一些符号、构件等等。立面的设计必须考虑建筑所处的自然环境和周围建筑的风格，要有亲自然性、协调性、整体性。彩图5-5～彩图5-8中立面的构图、形式、色彩等坚持了整体性的原则。

3）美学原则

应考虑居民的审美水平和审美习惯，建筑师也要运用手法设计出具有一定水平的艺术作品。多层住宅和其它类型建筑同样也是从以下几个方面考虑其美学特点的。

彩图5-6 上海奉贤聚贤煌都小区住宅立面（图片来源：作者自拍）

彩图5-7 上海绿地威廉小区住宅立面（图片来源：作者自拍）

彩图5-8 深圳四季花城园区（图片来源《万科的作品1988—2004》）

（A）体形：多层住宅的高度在12～18m之间，一个单元也在这个范围，高宽比在1左右，人们感到比较方正，这样就得依靠每个单元的处理以及组合后的处理，不追求高大，保持一种平稳性。高层住宅由于较高，特别是点式高层宜形成一种向上的动势，如彩图5-9～彩图5-11所示。

彩图5-9　北京万科西山庭院（图片来源《万科的作品1988—2004》）

彩图5-10　沈阳铁西区某住宅小区住宅立面（图片来源：作者自拍）

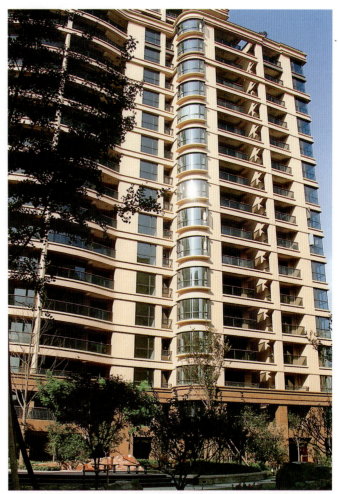

彩图5-11　杭州"春江花园"小区住宅立面（图片来源：都铭拍摄）

(B) 变化与韵律：多层住宅变化较少，特别是砖混结构的多层住宅，每层户型都一样，上下窗对齐，左右窗保持一定的间距，属于标准层式的设计，从垂直上看一般在底层和屋顶上作一些处理，形成三段式的设计，从水平上看通过阳台进行分割，变化。多层住宅不追求大的变化，相反小处的变化和精致的做法成为住宅立面设计的趋势。相对来说高层很容易形成向上的韵律感，处理起来比多层容易一些，其结构形式也决定了立面开窗灵活，如彩图5-12~彩图5-14所示。

(C) 凹凸：住宅一般不要采用大的凹凸，相关规范中规定造价较低的砖混结构的住宅规范不允许凹凸太大；凹凸后外墙面积增大，保温隔热都不利；南向凹凸太大，对采光、视线影响较大。立面设计中要考虑阳

彩图5-12　北京万科兴园住宅（图片来源《万科的作品1988-2004》）

彩图5-13　上海某住宅（图片来源：作者自拍）

彩图5-14　上海松江泰晤士小镇住宅（图片来源：作者自拍）

台、隔板、飘窗、落水管等对立面的影响。点式高层因满足采光、通风等要求，往往凹凸比较大，如彩图5-15、彩图5-16所示。

4）文化性原则

住宅立面设计要考虑当地的文化，住宅的大量性决定了住宅是通俗性文化的反映，与人们的认知水平最为接近。住宅立面设计是通过材料、色彩、部件、装饰物、造型等反映当地文化的，如彩图5-17、彩图5-18所示。

5）技术性原则

随着社会的发展，技术在住宅中发挥越来越大的优势，在立面设计中也是如此，主要表现在墙体材料、结构体系、窗户、屋顶材料等不同方面，技术含量越高的住宅，其居住质量也越高，如彩图5-19、彩图5-20所示。

彩图5-15　上海某多层住宅背立面图
（图片来源：作者自拍）

彩图5-16　上海安亭小镇
（图片来源：作者自拍）

彩图5-17　沈阳河畔新城小区
（图片来源：作者自拍）

彩图5-18 上海浦东"幸福小镇"居住小区（图片来源：作者自拍）

彩图5-19 沈阳千缘商城（图片来源：作者自拍）

彩图5-20 上海安亭小镇（图片来源：作者自拍）

5 住宅的立面设计

5.2 住宅立面设计的方法

(1) 住宅立面设计的整体性设计方法

任何建筑的立面都应首先从整体性的角度进行设计。

1) 整体意象

在进行设计时,头脑中应自然形成对建筑的一个模糊的意象,意象的来源包括基地周围自然环境、周围建筑的形象特征、住宅本身的层次、建筑师自身的修为等。模糊的意象形成后,建筑师有针对性地思考立面的各个部分,最后实现立面个性的表达,而不应是作完平面后,再考虑立面,应做到整体性的表达。彩图5-21~彩图5-24中有小区的总体意象,也有单独的形象。

彩图5-21 沈阳某住宅立面图
(图片来源:作者自拍)

彩图5-22 深圳四季花城(图片来源《万科的作品1988—2004》)

彩图5-23 沈阳某住宅小区（图片来源：作者自拍）

彩图5-24 上海安亭小镇（图片来源：作者自拍）

彩图5-25 沈阳千缘爱城（图片来源：作者自拍）

2）体量

体量是最简单的形体，设计之初，特别是在总平面阶段尤为重要，这是在了解功能后，对建筑物的合理长度、高度、进深、凹凸关系、退后关系、虚实关系以及与街道、其它建筑物的关系等进行思考，然后再对功能、详细的立面进行思考，彩图5-25~彩图5-28为高层和多层的体量。

3）比例、尺度

比例包括建筑整体的比例和局部的比例。整体的比例包括高、宽的比例，要具有美学特征，如黄金分割比的运用；局部的比例指住宅一个立面的比例关系，如常采用的三段式的构图，既符合西方古典主义美学原则，又适合人们对复杂性的要求，将一个单板的立面水平分划上、

彩图5-26 沈阳万科金色家园（图片来源《万科的作品1988—2004》）

彩图5-27 某住宅外观（图片来源《万科的作品1988—2004》）

彩图5-28 沈阳某住宅外观（图片来源：作者自拍）

彩图5-29 上海绿地威廉小区住宅立面（图片来源：作者自拍）

中、下三个部分,形式、色彩、材料都各不相同,符合视觉和心理要求,如彩图5-29、彩图5-30所示。

尺度是相对于人而言的,和距离有关。住宅的立面设计应符合宽高比的原则,即日本的建筑理论家芦原义信(Ashihara Yoshinobu)认为建筑的宽高比1~2之间最为舒适。建筑的底层部分和人距离最近,表现应丰富,色彩、材料、形式都应很精致,上部则简略处理,设计应做到远观势、近观形,如彩图5-31、彩图5-32所示。

另外建筑的风格、地域性特征、色彩、材料也要进行整体性的表达,如彩图5-33所示。

(2)住宅主要部件的设计表达

在坚持整体性的基础上,应对重点部位进行处理,它们往往是构图中的点,活跃了立面,最终决定了立面的效果。

1)窗

因为套型内房间功能的不同和结构形式的不同,住宅立面窗洞的变化

彩图5-30　上海安亭小镇(图片来源:作者自拍)

彩图5-31　上海安亭小镇(图片来源:作者自拍)

彩图5-32　上海松江泰晤士小镇住宅（图片来源：作者自拍）

彩图5-33　深圳城市花园（图片来源《万科的作品1988—2004》）

特点是：横向上有变化，一般开间较大的起居室、主卧室开窗较大，其他房间开窗较小；而竖向因户型相同，开窗形式相一致。这种开窗方式在形成韵律感的同时，也显得比较呆板，需要对窗及窗周围的装饰加以变化，如彩图5-34、彩图5-35所示。

窗的形式可以有多种，除常见的距地0.9m，高1.5m的窗外，还有低窗（距地0.3～0.9m）、落地窗、凸窗、落地凸窗等形式，在剪力墙结构体系中还可以采用转角窗，在框架结构体系中也可以有小片的幕墙窗等等，它们可以互相组合，丰富立面形式，如彩图5-36、彩图5-37所示。

窗本身形式可以变化，窗的四面套口装饰样式也可以变化，比如欧陆风的住宅套口和现代式的住宅套口完全不同。另外由于低窗在室内或室外要考虑设置满足安全要求的栏杆，栏杆的样式、色彩成为立面表现手段之一，如彩图5-38、彩图5-39所示。

彩图5-34 上海万科城市花园住宅局部立面（图片来源《万科的作品1988—2004》）

彩图5-35 上海某住宅背立面（图片来源：作者自拍）

彩图5-36 上海万科城市花园住宅局部立面（图片来源《万科的作品1988—2004》）

5 住宅的立面设计

彩图5-37 北京万科西山庭院（图片来源《万科的作品1988—2004》）

彩图5-38 某多层住宅局部（图片来源：作者自拍）

彩图5-39 上海松江泰晤士小镇住宅（图片来源：作者自拍）

玻璃和窗框的色彩也是立面表现的一种手段。玻璃有白玻璃、无色的灰玻璃、偏色的灰玻璃、有颜色的玻璃等，表现了不同的性格。窗框的色彩、窗的开启方式、分格不同等也影响立面的形式，如彩图5-40、彩图5-41所示。

彩图5-40　某住宅局部（图片来源：作者自拍）

彩图5-41　上海奉贤聚贤煌都小区住宅立面（图片来源：作者自拍）

5　住宅的立面设计

2）阳台

阳台是住宅必不可少的组成部分，也是立面设计中最主要的内容，其形式、凹凸对立面影响都比较大。一般住宅的阳台都外凸出来，南向的多和起居室相连，北向的多和厨房相连。南向的阳台较开敞，北向的阳台较封闭。彩图5-42为阳台形成的立面韵律。

多层住宅的体形都呈水平状，而阳台由于向外凸出，水平状的体形在阳台处进行了垂直分化，因此阳台的大小、位置、间隔对整个立面都会产生影响，设计时要整体考虑，注重其均衡性、协调性。高层住宅的阳台则向上形成韵律感。

阳台有封闭阳台和开敞阳台两种，在北方多采用封闭阳台，南方多采用开敞阳台。如果住户的套型面积较小，即使是南方，人们也往往将阳台封闭起来形成完整的室内空间。

开敞阳台主要的构件就是栏板，栏板的样式决定了阳台的形式，栏板有混凝土的和栏杆的两种，高度要求为1.05m。彩图5-43为开敞阳台。

彩图5-42　深圳万科温馨家园园区住宅立面（图片来源《万科的作品1988-2004》）

彩图5-43　上海某住宅外观（图片来源：作者自拍）

彩图5-44 沈阳千缘爱城细部（图片来源：作者自拍）

彩图5-45 某住宅细部（图片来源：作者自拍）

彩图5-46 上海安亭小镇（图片来源：作者自拍）

  封闭阳台由栏板和窗组成。窗的样式、大小以及栏板的样式决定了阳台的形式。如整体采用落地或者半落地窗，栏板较低，窗的面积较大，整体立面给人以"虚"的感觉；也可以采用局部窗落地或半落地，打破了住宅的水平关系，立面处理比较生动；在栏板的上下以及分层的位置可以考虑外出的凸线，既可以防水，又可以使局部生动，如彩图5-44所示。

  现在许多的住宅设计中南向的阳台都分成两个部分，即封闭的阳台和敞开的露台，功能效果和形式效果都不错，如彩图5-45、彩图5-46所示。

  顶层阳台和屋顶交叉，也是设计的重点，常采用多种样式，表现屋顶的轻盈感，如彩图5-47所示。

3）楼梯间与入口

楼梯间一般考虑在北侧，楼梯间的窗与其他房间的窗错开半层。住宅的入口一般常考虑在楼梯下方，尺度较小。楼梯间也起到垂直分化立面的效果。

楼梯间及电梯间形成的住宅顶部是设计的重点，是活跃空间的积极因素，往往起到竖向构图的作用，一般突出屋面，上部通过分划、造型做得较为轻盈、精细。

入口部位一直是各类建筑设计的重点，多层住宅的入口多在楼梯间下，空间较小，尺度较小，重点考虑雨棚的造型、装饰柱等部件，往往起到画龙点睛的效果。高层住宅形成独立的、完整的入口空间，也较为气派，如彩图5-48所示。

4）空调板、落水管

空调板也是目前住宅立面考虑的构件之一，主要是防止住宅建成后空调安装混乱对立面造成影响，空调板大小一般做到500mm×700mm，往往和阳台的栏板结合在一起，同时要避免遮挡窗户。空调板作为点活跃了整个立面，如彩图5-49、彩图5-50所示。

落水管的位置在立面设计中一般容易忽略，但建成以后其位置、

彩图5-47　沈阳某住宅（图片来源：作者自拍）

彩图5-48　上海奉贤聚贤煌都小区住宅立面（图片来源：作者自拍）

连接对立面影响也比较大，在设计中应将其作为立面的因素统一考虑进去。在立面上的位置应对称，放在较隐蔽的地方，在遇到墙身凸线时要考虑好连接，凸线应断开，也可以通过构件将其隐藏，如彩图5-51、彩图5-52所示。高层住宅一般采用内排水。

彩图5-49　沈阳万科四季花城（图片来源《万科的作品1988—2004》）

彩图5-50　沈阳千缘商城细部（图片来源：作者自拍）

彩图5-51　某住宅楼的落水管位置（图片来源：作者自拍）

彩图5-52　天津万科水晶城住宅立面（图片来源《万科的作品1988—2004》）

5)屋顶

住宅的屋顶一般分为平屋顶、坡屋顶以及二者的结合。

多层住宅平屋顶檐口为女儿墙,一般表现力不强,一般和墙身一并考虑。屋顶的表现力往往通过阳台和楼梯间上的构件实现。高层住宅的屋顶往往结合电梯间、设备用房一同考虑,经过精心设计后表现力极强,如彩图5-53、彩图5-54所示。

坡屋顶对建筑的风格、形式有最直接的影响,坡屋顶一般采用檐沟排水,和墙身交接处形成明显的分隔。屋顶的材料一般为英红瓦,色彩有多种,表现力也不同。许多住宅的坡屋顶采用阁楼形式,顶层成为全跃的套型。许多住宅的屋顶平、坡结合,屋顶局部形成平台,高低错落,层次丰富,天际线丰富,如彩图5-55、彩图5-56所示。

(左上)彩图5-53 上海安亭小镇(图片来源:作者自拍)
(左中)彩图5-54 上海松江泰晤士小镇住宅(图片来源:作者自拍)
(左下)彩图5-55 某坡屋顶住宅(图片来源:作者自拍)
(下)彩图5-56 成都万科城市花园(图片来源《万科的作品1988—2004》)

彩图5-57　某住宅设计细部（图片来源：作者自拍）

（3）住宅立面材料和材质的设计表达

1）墙砖

墙砖有色彩、纹理和花饰的区分，有毛面的、光面的、釉面等质地的不同，还有不同的贴法，这些为建筑师在立面设计中提供更多的选择空间。墙砖质感细腻，表现丰富，易清洗、耐久，是目前城市住宅中用得最多的外墙材料。选择中注重色彩和质地的搭配，应符合审美习惯，如彩图5-57～彩图5-59所示。

彩图5-58　上海万科城市花园住宅局部立面（图片来源《万科的作品1988—2004》）

彩图5-59　某住宅立面（图片来源《万科的作品1988—2004》）

2)涂料

外墙涂料,施工比较简单,色彩容易调和,也是常用的外墙材料。缺点是不易清洗,时间长污染较为严重。涂料往往和墙砖结合采用,特别是有些线脚、套口,贴砖不方便,也不牢固,浪费,用涂料非常方便,同时涂料的色彩可以调节立面的整体效果,活跃气氛,如彩图5-60~彩图5-63所示。

3)金属材料

金属材质在住宅上应用得较少,目前只有栏杆采用这种材质,往往营造出某种现代气氛,如彩图5-64所示。

(4)住宅立面的色彩表达

色彩的色相、明度、亮度的组合和变化创造了丰富的色彩空间,也是建筑的表现手法之一,建筑师也越来越重视色彩在建筑的应用,不再创造灰的、白的形象,而是可以营造色彩的世界,如彩图5-65~彩图5-67所示。

彩图5-60　某住宅局部（图片来源：作者自拍）

彩图5-61　深圳某住宅（图片来源：《深圳楼盘》）

彩图5-62 深圳某住宅（图片来源：《深圳楼盘》）

彩图5-63 上海安亭小镇 （图片来源：作者自拍）

5 住宅的立面设计

彩图 5-64 深圳 17 英里花园住宅局部（图片来源《万科的作品 1988—2004》）

彩图 5-65 深圳某楼盘住宅上部形式（图片来源：《深圳楼盘》）

彩图 5-66 北京万科青青花园（图片来源《万科的作品 1988—2004》）

彩图 5-67 沈阳万科四季花城（图片来源《万科的作品 1988—2004》）

5.3 住宅立面的风格

(1) 都市风格

所谓的都市风格就是具有现代主义思想的建筑风格,也是目前采用比较多的建筑形式。都市风格的住宅建筑往往通过明快的色块、简洁的色彩、玻璃、涂料以及钢筋混凝土构架等体现现代大胆、开放、明快和奔放的都市气息。

都市风格的住宅最大的特点就是时代性,一般和目前的都市生活方式相符合,简洁但很精致,注重细节设计,体现现代科技的精细制作水平。如立面上采用的水平线脚、精致栏杆、轻盈的屋顶装饰、明快的色彩、简洁的线饰等等,如彩图5-68、彩图5-69所示。

彩图5-68 沈阳某住宅(图片来源:作者自拍)

彩图5-69 杭州"春江花园"小区住宅立面(图片来源:都铭拍摄)

彩图5-70　上海松江泰晤士小镇住宅(图片来源：作者自拍)　　彩图5-71　上海安亭小镇　(图片来源：作者自拍)

（2）模仿西方传统样式的风格

西方的传统风格对我国住宅的风格影响比较大，主要指20世纪末流行的所谓欧陆风格和西方新古典主义风格。欧陆风格的建筑是指出现的借用欧洲古典主义建筑式样、建筑符号来表现建筑立面的建筑风格。从最简单的建筑局部运用西洋建筑的线角或构件，到立面摹仿西洋建筑比例尺度和样式，再到建筑群体和城市设计中追求宏伟的古典构图，这种现象在中国大地曾广泛流行，从有殖民主义文化的上海、大连、青岛，到毫无关联的小城镇。西方新古典主义风格的建筑则是对欧洲具有地域性和传统性的现代建筑在中国的移植和照搬，最具代表性的是上海安亭小镇和泰晤士小镇。

大部分专业人士对于西方传统样式的模仿均持否定的态度，认为概念不清、形式混乱，往往搬用柱式、套用穹顶、做一个拱门、安几个雕像就称所谓的欧式建筑，过于片面，混淆了历史的内涵。特别是没有考虑环境背景、地域背景和文化背景，是对当地文化的冲击。如彩图5-70、彩图5-71所示。

(3) 民族风格

民族风格的建筑是指在建筑立面中应用具有中国传统特色符号的建筑，如大屋顶、马头墙、粉墙黛瓦、青砖清水墙等，很大一部分是和当地文化结合，如反映江南园林风格、北京四合院风格、新疆地域风格等等。

创造出具有民族风格的建筑形式一直是中国建筑师探索的方向。由于中国传统建筑是木构架的建筑形式，同时重空间、轻形式，注重内在文化的表达，如天人合一的思想，空间序列节奏缓慢、平和宜人，不像欧洲古典主义建筑易于模仿形式。前几年出现的大屋顶的现象就是这种民族风格的探索。中国目前还少有创作出既反映时代性、又表现民族性的建筑，有待建筑师继续探索，如图5-72所示。

图5-72　北京菊儿胡同
(图片来源：作者自拍)

(4) 其它风格

指根植于西方哲学的建筑风格,如解构主义的住宅、生态住宅、后现代主义的住宅、类型学的住宅等等。图5-73是罗西采用类型学理论指导的住宅。

图5-73 罗西的类型学住宅(图片来源:《世界建筑导报》)

6 住宅相关技术简述

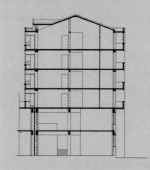

6.1 剖面设计

剖面所表现的是建筑三维度量中的"高",它描述了建筑垂直方向的性状,其中包括建筑层高的关系,建筑墙体、柱以及梁的结构逻辑,剖面还表现了建筑体量以及空间形态,它通过三维建筑体的顶面创造了不同的空间体验,通过地面的不同高度限定了多种多样的空间变化。在住宅设计中剖面设计涉及的内容问题较多,如各功能房间的层高关系、建筑墙体、阳台等结构构造节点、多变的空间处理等,本节住宅的剖面设计重点讲述两个方面的内容:一是各种使用功能房间的层高尺寸;二是多种多样的内部空间设计。

(1)层高尺寸与剖面构造

我国住宅层高的确定主要考虑三方面因素,一是结构形式,如是砖混结构还是框架结构或框剪结构等;二是经济条件因素;三是根据人体工程学的原理来确定。层高的确定结合这三种因素,一般砖混结构的住宅层高2.8m,框架结构的住宅考虑有框架梁一般可达到3.0m以上,如图6-1所示。

1)行为模式确定最低限度的尺度

人们在各种功能空

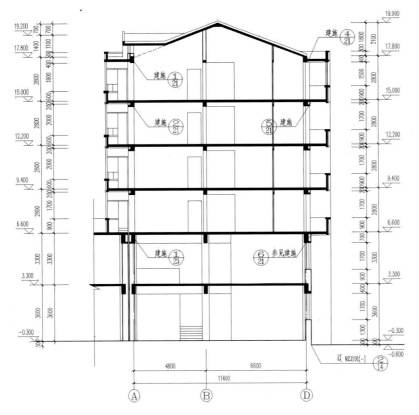

图6-1 某住宅剖面图(图片来源:作者自绘)

间的行为模式确定了使用空间的基本尺度。通过此设计者可掌握人的最低限度的必要空间是多大；或者说房间的大小会赋予房间何种功能，房间内可以进行什么样的生活行为，如图6-2所示（以日本人当时的身高尺寸为标准尺寸）。

（A）起居室基本要素：在起居室中的基本活动是坐在沙发上休息或看电视或聊天，如图6-3所示。

	储藏形式	乐器类	欣赏品贵重品	书籍办公用品	餐具食品	衣物	寝具类
2 400 2 200 2 000	不常用物品重量轻的物品	取出不便 宜用推拉门、平开门	稀用品 稀用品	稀用品 贵重品	稀用品 消耗品存货	稀用品 存贮食品备用食品	稀用品 季节外用品	旅游用品备用品
1 800 1 600 1 400 1 200	常用物品、易破碎物品	宜用推拉门	扬声器类 电视类	欣赏品	中小型开本 常用书籍中型开本	罐头 中小瓶类 零用调料筷子、叉子	帽子 上衣外套、衣服、裤子、裙子	枕头客用寝具 睡衣毛毯
1 000 800 600	中等重量物品	宜用抽屉	收音机放大器类 照明灯等	小型欣赏品	文具			
400 200 100	大而重、很少用的物品	宜用推拉门、平开门	唱片柜	稀用品贵重品	大开本稀用品文件夹	大瓶、桶、米箱、饮具	和服类	寝具类

人体尺寸引用1975年（人体测量值图表）　使用频率和储藏

图6-2　身体尺度与家具功能配置（图片来源：《住宅设计要点集》第二版）

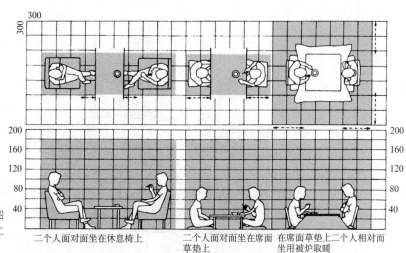

图6-3　二人交流空间尺寸（图片来源：《住宅设计要点集》第二版）

二个人面对面坐在休息椅上　　二个人面对面坐在席面草垫上　　在席面草垫上二个人相对而坐用被炉取暖

(B) 餐厅基本要素：除了就餐、服务等基本活动之外，餐桌等家具也是餐厅的基本条件，如图6-4所示。

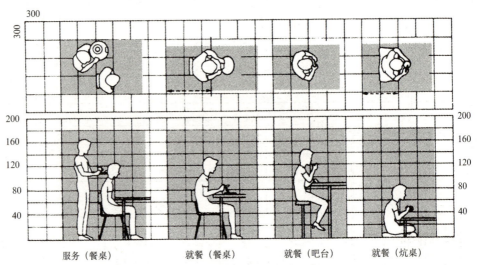

图6-4　个人就餐行为尺寸（图片来源：《住宅设计要点集》第二版）

(C) 厨房基本要素：人在厨房里的基本活动为烹调、配餐、开关吊柜等。除此之外，作为厨房所应具备的基本条件，还有适合家庭成员所需要的餐具储藏空间、烹饪台、洗涤池等，如图6-5所示。

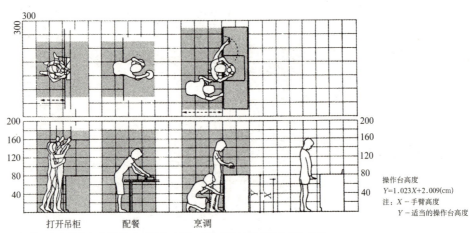

操作台高度
$Y=1.023X+2.009(cm)$
注：X－手臂高度
　　Y－适当的操作台高度

图6-5　个人行为与空间尺寸（图片来源：《住宅设计要点集》第二版）

(D) 卧室基本要素：人在卧室里的基本活动是就寝，同时兼有更衣、化妆、休息等行为。然而作为个人房间，还有其它的活动行为，如读书、趣味娱乐之类的活动。作为子女房间使用时，还可以成为学习和游戏用的空间。必须处理好家具位置和储藏空间，如图6-6所示。

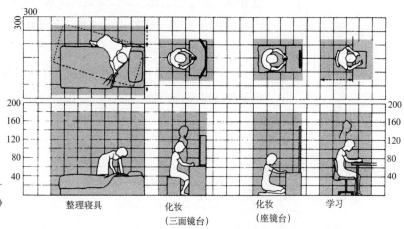

图6-6 厨房行为与空间尺寸（图片来源：《住宅设计要点集》第二版）

(E) 卫生间基本要素：卫生间目前在我国的含义相对比较模糊，它包括了卫生间、浴室以及洗脸和更衣间几种行为空间。随着我国经济水平的不断发展，在住宅设计中已经逐渐将以上的几个功能空间分离开来，相对独立布置，如图6-7所示。

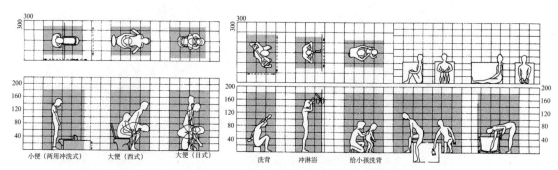

图6-7 卫生间行为与空间尺寸（图片来源：《住宅设计要点集》第二版）

6 住宅相关技术简述

（F）储藏间基本要素：生活必需品的储藏空间，必须考虑到物品的使用目的、使用频率、使用场所等各种因素，而且要按照物品的大小确定储藏空间。

2）建筑各部分的剖面构造

住宅设计中建筑剖面的构造反映了结构关系，各部分的使用特点，重点有以下几个建筑部位的剖面需要了解与掌握。

（A）门：门洞口为2100mm高，除阳台门和窗成整体，直接顶在圈梁上，其它门均在过梁下。

（B）窗：外窗顶在圈梁或框架梁下，一般窗高1500mm。现在又出现了飘窗及凸窗两种形式，如图6-8、图6-9所示。

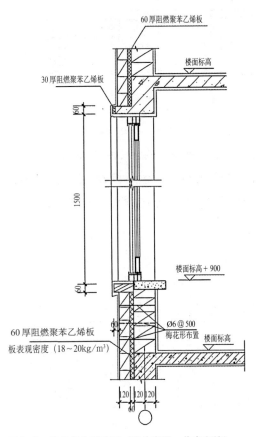

图6-8 某窗部位剖面图（图片来源：作者自绘）

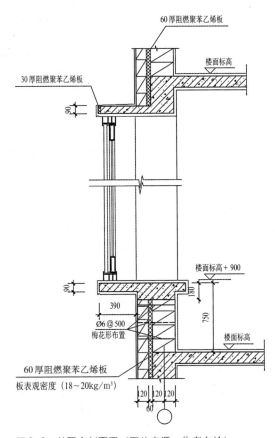

图6-9 某飘窗剖面图（图片来源：作者自绘）

（C）阳台：阳台主要有生活阳台——南阳台和服务阳台——北阳台。南阳台为加大采光面积，多降低高度，可做到600mm左右。北阳台栏板1100mm。由于南北方的差异，北方阳台目前多做保温，保温又分内保温与外保温两种形式，如图6-10～图6-12所示。

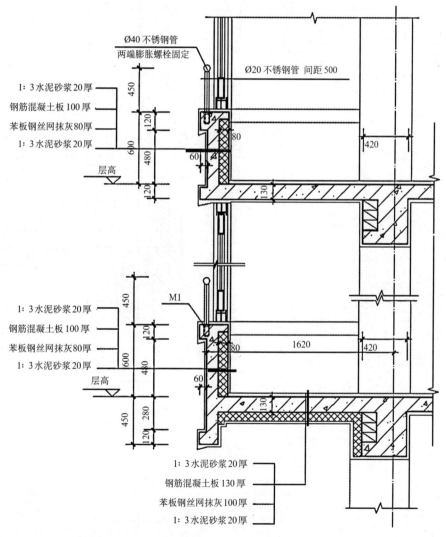

图6-10 南阳台剖面图（图片来源：作者自绘）

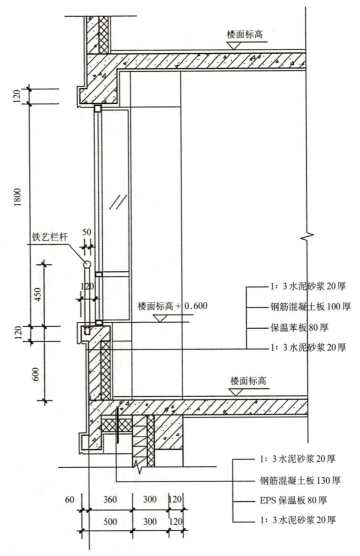

图 6-11 南面落地飘窗剖面图(图片来源:作者自绘)

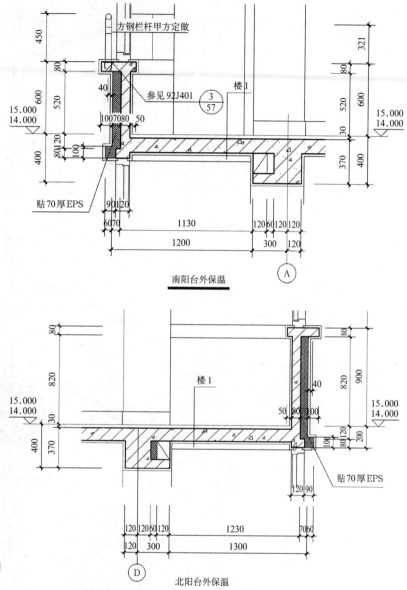

图 6-12 阳台剖面尺寸图（图片来源：作者自绘）

（D）楼梯：楼梯剖面主要注意三点：一是入口高度，一层的两跑梯段做成不等跑，一跑踏步多形成了入口高度；二是单元门口上过梁高度不能影响开门的高度；三是楼梯间的开窗位置要考虑建筑每层圈梁的关系，如图 6-13 所示。

6 住宅相关技术简述

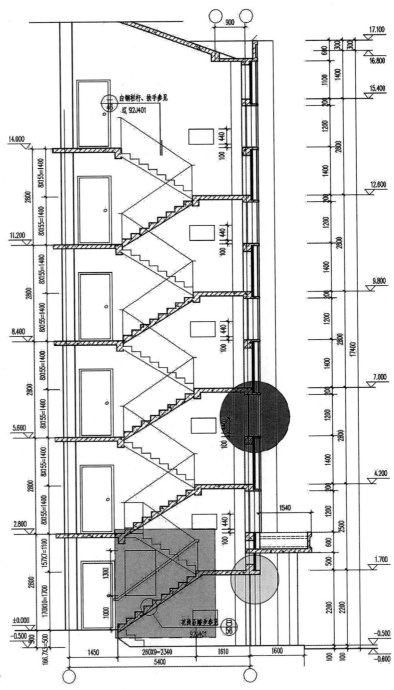

图6-13 楼梯间剖面图(图片来源:作者自绘)

（2）多样空间形态

我们已知空间的限定不仅仅可以通过各种墙体的围合来形成各种不同形状、不同感受的空间，通过地面的限定、高差的变化，不同屋顶的形状也可以创造多种多样的空间形态。在住宅设计中，目前有以下几种形式的住宅设计创造了有趣的多变的空间形态（一个套形平面内的空间变化）。

1) 半跃式住宅

通过升起几级台阶将起居室、餐厅空间与卧室空间分离，做到了垂直方向上的动静分区以及家庭内部的公共活动空间与私密空间的分离。从结构角度上看升起的高度一般不超过900mm，普遍多采用450mm高。

2) 全跃式住宅

全跃住宅的设计构思也是寻求垂直方向的空间变化，力图在住宅内部中实现类似于独立式别墅的空间体验。在全跃住宅中将不同功能房间布置在不同的层高上，一般底层布置起居室、餐厅、客房等公共空间，楼上布置卧室、书房等私密空间。全跃住宅由于有两层层高，起居室的空间一般有两种形式的设计：一种保持正常一层的高度；另一种是做出两层通高的效果，上下层空间互相渗透、互相联系，空间变化丰富，如图4-12所示。

3) 顶层及阁楼设计

顶层空间的变化大多通过采用坡屋顶的屋面形式来获得。由于坡顶起坡自然形成了可利用的斜坡空间，在设计中有结合起居室创造开敞、明亮的大空间的；也有直接利用坡下的三角形空间形成阁楼空间的。按相关规范要求坡顶垂直方向上低于1.2m空间不能作为使用空间，在设计中坡顶的坡度同时还要考虑排雨、雪合适的坡角以及山墙立面坡面的比例关系。合理确定脊线的位置以及屋面坡度是顶层及阁楼设计的要点。

4) 复式空间

此种空间具有适应个性发展、灵活多变、满足多种人群需求的特点。每套或每户层高4.8m左右，留出固定厨卫的位置，其它部分可以由住户自行考虑。基于层高的优势可进行两层分隔，如图4-14所示。

6.2 建筑日照、通风、采光、防噪

建筑日照是指建筑应满足获得直接日照的需求,即居住建筑的主要房间获得直接的日照。各个地区为保证住宅获得日照的时间足够长规定了日照间距,一般情况下也是确定南北间距的依据。有些地区规定一个居室必须获得日照,相关规范中规定一户内至少有一个居室大寒日应满足 2h 日照的要求。

通风是指居住建筑的各个房间应满足直接自然通风的要求,窗户能开启,室内空气可以净化。

采光是指居住建筑的各个房间应有直接的采光,不应形成暗房间,这在房间布局安排中应做到。

防噪是指建筑物在构造设计、总体布局、绿化设计时考虑噪声对建筑的干扰。

6.3 建筑节能

据相关资料显示，目前建筑能耗已占我国能源消耗总量的25%左右，建筑节能已经成为社会关注的焦点问题，节能成为建筑技术的关键。

《建筑节能"九五"计划和2010年规划》的采暖居住建筑的节能目标如下：

第一阶段（1996年之前）在1980～1981年基础上节能30%。

第二阶段（1996～2005年之前）在第一阶段的基础上再节能30%。

第三阶段（2005年之后）在第二阶段的基础上再节能30%。

建筑节能主要通过减少建筑物冬季失热量和夏季得热量来实现的。节能工作的主要部分在维护结构，建筑维护结构主要指墙体、屋顶、门、窗、地板、地面等，通过这些部位的设计达到节能效果。

主要途径和措施是：

外墙——选择导热系数小的外墙材料，防止热桥，减少外墙的表面积，北方外门应设门斗等，如图6-14、图6-15所示。

门窗——改善门窗的绝热性能，在玻璃之间形成密闭空气层；提高玻璃和窗框、窗框和墙体之间的密闭性；窗框材料的导热系数要小，内部有绝热材料；控制窗墙面积比：北面≤25%，东西≤30%，南面≤35%，如图6-16所示。

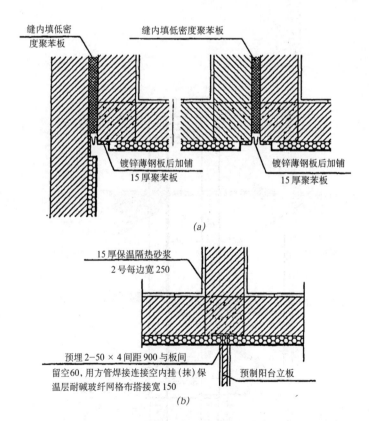

图6-14 住宅外墙热桥及变形缝处理（图片来源：作者自绘）
(a) 墙内伸缩缝保温构造；(b) 阳台立板与外保温外墙节点构造

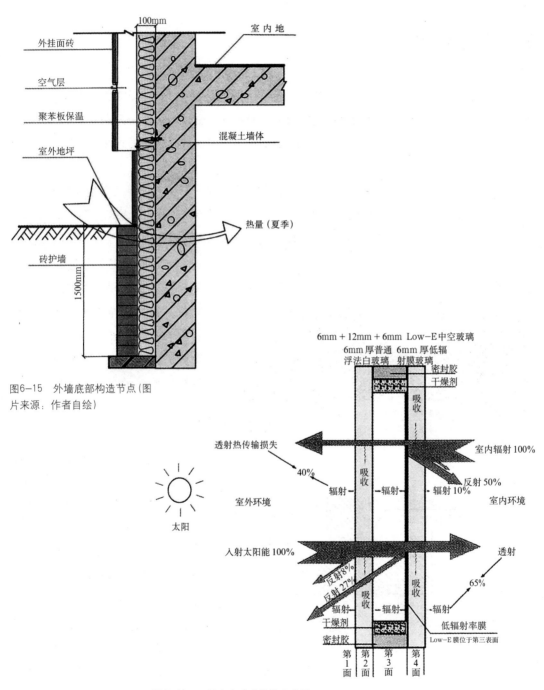

图6-15 外墙底部构造节点（图片来源：作者自绘）

图6-16 双层中空玻璃传热示意图

屋顶——提高保温层厚度，南方隔热平屋顶作种植屋顶、蓄水屋顶和架空屋顶等，如图6-17、图6-18所示。

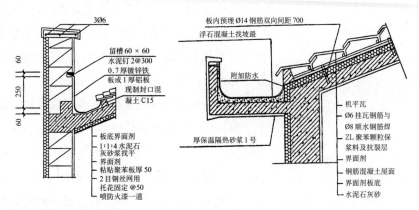

图6-17 带女儿墙坡屋顶屋顶构造节点（图片来源：作者自绘）

图6-18 带挑檐坡屋顶屋顶构造节点（图片来源：作者自绘）

6.4 建筑防火

  防火是建筑专业考虑的比较重要的设计内容。

  一般多层住宅遵循的规范是《建筑设计防火规范》GB 50016-2006，多层民用建筑的耐火等级根据建筑物的层数、长度和面积一般分成四级，多层住宅一般为二级。

  高层住宅应遵循的规范是《高层民用建筑设计防火规范》GB 50045-95，高层建筑的耐火等级分成两级：高级住宅、19层及19层以上的普通住宅为一类，10至18层的普通住宅为二类。一类高层的耐火等级应为一级，二类高层不低于二级，裙房不低于二级，地下室应为一级。

  具体的内容可以见规范，对各部分有详细的阐述，是建筑设计必须遵循的强制性内容。

6.5 建筑结构

住宅常采用的结构形式包括：砖混结构、框架结构、剪力墙结构、框架-剪力墙结构以及筒体结构。

（1）砖混结构

是指以砖墙为竖向承重构件，而以钢筋混凝土楼板为水平承重构件的结构体系，也称之为砌体结构。底层采用框架，上部采用砌体结构也属于这种形式。这种结构形式相应来说造价较低。对于砖混结构相关规范上有严格的要求，对住宅平面的开间、开洞口、布局以及横纵墙位置、上下层墙体对位关系等有严格的限制。对住宅的立面形式影响较大，立面形式较为呆板，仅在阳台上、色彩、材质上做文章。由于黏土砖为非节约型的材料，国家不鼓励采用这种结构形式。这种结构形式最高不超过8层，高度不超过24m。具体高度和墙体材料与抗震设防烈度有关。图6-19为砖混结构的住宅。

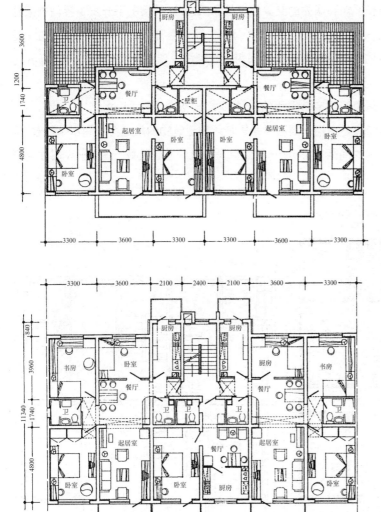

图6-19 砖混结构多层住宅平面布局（图片来源：作者自绘）

(2) 框架结构

也是常见的住宅结构形式，适用于小高层，高度不超过60m。

框架结构是采用钢筋混凝土的柱子和楼板作为承重构件的结构体系。优点是灵活性大，房间的开间、布局、开窗以及立面形式比较灵活；缺点是造价相对于砖混住宅造价较高，外露的梁和柱妨碍了分间的灵活分隔，即墙角和顶棚和墙体的交界处有柱和梁。在这种情况下开发了异型框架柱的形式，异型柱有"T"形、"L"形和"十"字形三种，分别用于外柱、角柱和内柱。框架结构的墙体采用轻型砌块，如图6-20、图6-21所示。

(3) 剪力墙结构

也是高层住宅常采用的一种形式，一般最高达140m。

其特点是由钢筋混凝土承重墙承担建筑物的垂直荷载和水平荷载。剪力墙之间的间距在6~8m，其优点是建筑的整体性好，适合于高层住宅形

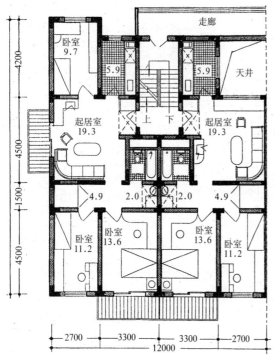

图6-20 异性框架柱的单元布置形式（图片来源：作者自绘）

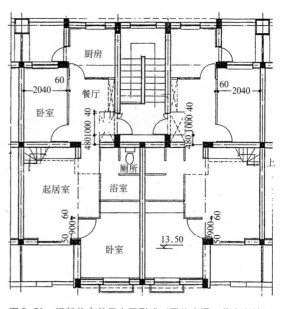

图6-21 框架住宅单元布置形式（图片来源：作者自绘）

式；缺点是不够灵活，特别是底层不利于作为其它用房。在此基础上演变成框肢剪力墙结构，即底部几层为框架，上部为剪力墙，中间通过结构转换层衔接，这种形式适应于下部有超市等大空间的住宅形式，如图6-22所示。

对于体型比较复杂的多层住宅和小高层，采用砖混结构和框架结构不适合，一般采用短肢剪力墙的形式，也属于剪力墙结构体系。

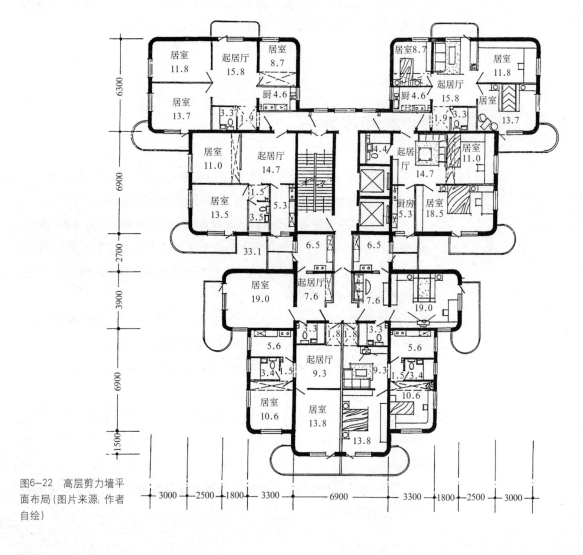

图6-22 高层剪力墙平面布局（图片来源：作者自绘）

(4) 框架－剪力墙结构

也是高层住宅常采用的一种形式，一般最高达130m。

由于框架结构在承受水平荷载时变形较大，一般用框架承受竖向荷载，用剪力墙承受水平荷载，将结构和材料发挥到极致。

(5) 筒体结构

适合于较高的住宅或超高层住宅，是空间受力体系，抗水平侧力好，变形小，一般由电梯、楼梯间等形成的内筒和密柱深梁形成的外筒组成。

选择什么样的结构形式和住宅的层数、高度、抗震设防烈度、空间的要求有关，结构的经济性、坚固性、实用性是其前提条件。

6.6 住宅建筑给水和排水

住宅建筑给水排水包括室内给水系统和室内排水系统两部分。

住宅室内给水系统包括生活给水系统和消防给水系统。

室内给水系统是将市政管网的水输送到室内的各种配水龙头和消防设备等用水点。6层以下的纯住宅一般只有生活给水系统，带网点的6层住宅的网点部分以及超过六层的住宅应包括生活给水系统和消防给水系统，消火栓只布置在公共部分。

一个完整的给水系统由水源、加压泵房、管道、用水点等几部分组成，水表的安装应考虑计量和查表，目前要求都放在公共部位。

住宅室内排水系统要求将生活过程中产生的污水迅速安全地排到室外，同时还应防止污水中的气体进入室内。

排水系统一般由下列部分组成：卫生器具、器具排水管、有一定坡度的横支管、立管、地下排水总干管、到室外的排水管、通气系统（出屋面）。

在对厨房和卫生间布置时应充分考虑器具的布置以及管道对空间的影响，见前文所述。

6.7　建筑采暖

　　一般北方住宅冬季集中采暖，冬季室内温度要达到16~18℃。采暖系统一般由热源、热媒管道和散热设备三个环节组成。

　　常用的集中采暖热源有热电厂、锅炉房等，热媒包括热水和蒸汽，住宅一般采用热水作为热媒，散热设备指散热器或者热水地板辐射采暖（地热）两类。

　　目前采暖采用集中在公共部分设置管道井，分户计量。

6.8　建筑电气

　　建筑电气是建筑的组成部分，也是住宅正常运行的基本设备。人们习惯性地将住宅的电气分为强电系统和弱电系统两类。

　　强电系统一般包括照明用电以及插座用电，在水平层通过混凝土楼板内联系到各个房间，每户一般在入口处有配电箱；在垂直方向多层住宅通过墙体穿管到达各户，底层一般有总的配电箱和计量表，高层可以通过垂直的强电井到达各户，每层或者数层有配电箱，方便计量，一般高层住宅在底层或地下层有配电室。

　　弱电部分包括电话线、有线广播、监控、网线、闭路电视等，联系方式和强电相同。

　　对于住宅电气部分还包括建筑物的防雷设计，屋顶的避雷设施通过导线连到建筑的基础上和大地接触。

　　对于高层住宅，电气还包括火灾报警和消防联动。应该有火灾探测器（烟感、温感、火焰探测和气感）、火灾应急广播和消防专用电话。应该在一层或地下设有消防控制室，消防联动对象包括消火栓、喷淋、防排烟设施、防火卷帘、防火门、消防电梯等。各部分的应急照明启动。

7 居住区规划设计与居住区环境设计

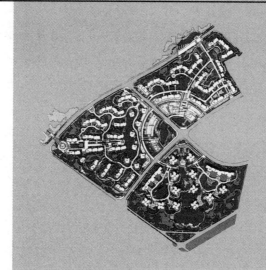

7.1 居住区规划设计

在进行住宅设计时,应结合居住区整体的规划设计,考虑整个小区的位置、规模、道路、整体风格,满足一定的通风、采光及景观要求,将套型和室外环境统一考虑。本章仅是简单地介绍居住区规划设计的常识性内容,旨在让读者对此有所了解。

(1) 概念

1) 居住区

泛指不同居住人口规模的居住生活聚居地和特指城市干道或自然分界线所围合,并和居住人口规模相对应,配建有一整套较完善的,能满足该区居民物质与文化生活所需的公共服务设施的居住生活聚居地。

2) 居住小区

一般指小区,是指被城市道路或自然分界线所围合,并和居住人口规模相对应,配建有一整套能满足该区居民物质与文化生活所需的公共服务设施的居住生活聚居地。

3) 居住组团

一般称为组团,是指一般被小区道路分隔,并和居住人口规模相对应,配建有居民所需的基层公共服务设施的居住生活聚居地。

4) 道路红线

城市道路(含居住区级道路)用地的规划控制线。道路红线内包括机动车道、非机动车道、人行道、绿化等。

5) 建筑控制线

是建筑物基地位置的控制线。一般道路红线可以和建筑控制线重合,有的城市规定建筑控制线退道路红线。

6) 日照间距

前后两列房屋之间为保证后排房屋在规定的时日获得所需日照量而保持的一定间距称为日照间距。日照量的标准包括日照时间和日照质量。日照时间是以该建筑物在规定的某一日内能受到的日照时数为计算标准的,常以冬至日作规定,也有以大寒日为计算时间的。

7) 容积率

是每公顷居住区用地上拥有的各类建筑的建筑面积（万 m^2/hm^2）或以居住区总建筑面积（m^2）与居住区用地（m^2）的比值表示,是没有单位的,无量纲的。

8) 建筑密度

居住区用地中,各类建筑的基地总面积与居住区用地面积的比率(%)。

9) 绿地率

居住区用地范围内的各类绿地面积的总和占居住区用地面积的比率(%)。绿地应包括公共绿地、宅旁绿地、公共服务设施所属绿地和道路绿地,其中包括满足当地植树绿化覆土要求,方便居民出入的地下、半地下建筑的屋顶绿地,不包括屋顶、晒台的绿化。

10) 拆建比

拆除的原有建筑总面积与新建的建筑总面积的比值。

(2) 居住区规划的原则（内容来自《城市居住区规划设计规范》GB 50180—93)

1) 符合城市总体规划的要求。

2) 符合统一规划、合理布局、因地制宜、综合开发、配套建设的原则。

3) 综合考虑所在城市的性质、社会经济、气候、民族、习俗和传统风貌等地方特点和规划用地周围的环境条件,充分利用规划用地内有保留价值的河湖水域、地形地物、植被、道路、建筑物与构筑物等,并将其纳入规划。

4) 适应居民的活动规律,综合考虑日照、采光、通风、防灾、配建设施及管理要求,创造安全、卫生、方便、舒适和优美的居住生活环境。

5) 为老年人、残疾人的生活和社会活动提供条件。

6) 为工业化生产、机械化生产和建筑群体、空间环境多样化创造条件。

7) 为商品化经营、社会化管理及分期实施创造条件。

8) 充分考虑社会、经济和环境三方面的综合因素。

(3) 居住区的组成

居住区的用地组成包括:

住宅用地——住宅建筑基底占地及周围必要留出的空地,包括宅间绿地和宅间小路等。

公共服务设施用地——是与居住人口规模相对应配建的公共建筑、公用设施建筑物的用地,包括基地占地及其所属的道路、绿化、场地等。

道路用地——指居住区道路、小区道路和组团道路以及停车场等。

公共绿地——指适合于安排游憩活动设施的、供居民共享的集中绿地,包括居住区公园、小游园、运动场、林荫道、小块绿地等。

(4) 居住区分级控制规模和规划结构的基本形式

1) 居住区分区控制规模

居住区按照居住的户数或人口规模可分为居住区、小区和组团三级(表7-1)。

居住区分区控制规模 表7-1

	居住区	居住小区	组团
户数(户)	10000~16000	3000~5000	300~1000
人口(人)	30000~50000	10000~15000	1000~3000

2) 居住的规划结构的基本形式

(A) 两级的形式

居住区—居住小区——以居住小区为规划基本单位,居住区是由若干个小区构成的。

居住区—居住组团——以居住组团为规划基本单位,这种形式没有明确的小区用地范围,居住区由若干个住宅组团组成。

(B) 三级的形式

居住区—居住小区—住宅组团——居住区是由若干个居住小区组成的,居住小区又是由若干个居住组团组成的。

(5) 居住区规划设计的要点和基本要求

1) 设计要点

(A) 整体性：作为规划，要有全局观，从整体上对用地有统一的安排，包括建筑的位置、数量、面积，也包括整体环境的空间轮廓、群体组合、单体造型、色彩以及具体的环境设计。整体性是城市规划的核心，也是区分于建筑单体的主要部分。图7-1、图7-2是两个小区的规划总平面图，从中可以了解建筑之间的布局关系。

(B) 经济性：用地要经济；合理的布局能很好地组织通风、采光，节约能源；土方要经济。

(C) 科学性：包括设计思想、住宅产业化建设等。

(D) 生态性：生态的思想贯穿于居住区规划的全部过程。

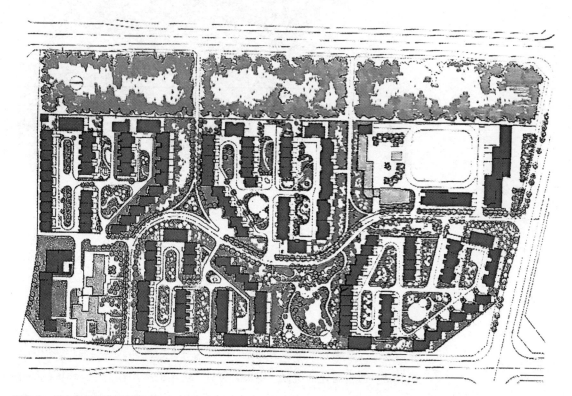

图7-1　北京恩济里总平面图

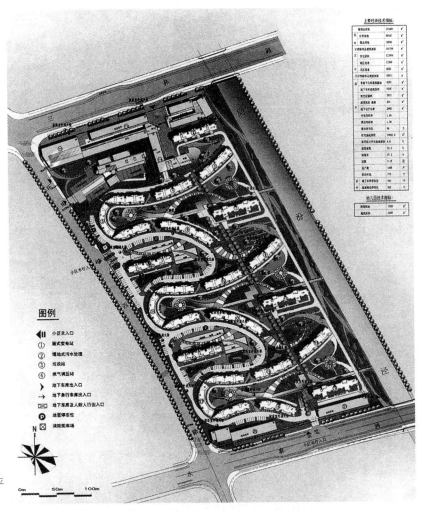

图7-2 某住宅小区自由的平面布局

(E) 地方性和时代性。

(F) 超前性和灵活性：规划本身具有计划的概念，既要兼顾现实情况，又要有超前性和灵活性，要有弹性，留有余地。

2）基本要求

(A) 使用要求：这是人类活动的最根本需要，也是居住区规划设计的基本要求，这种要求是多方面的，如适合住户的整体人群特点、住户的人口构成，适合居住的气候、用地等条件，住宅的实用性、外部环境的实用性等等。图7-3～图7-6为韩国某地块的两个方案及其中一个方案的构思，可以看出基于不同的构思和使用要求，有不同的结果。

(B) 卫生要求：要有良好的日照、通风，要满足防止噪声的干扰和空气的污染需要。

(C) 安全要求：

防火——建筑之间要符合满足防火要求的间距；

防震灾——包括用地选择在地质条件好的地块，要有合理的疏散宽度和疏散场地，合适的建筑密度，建筑物满足一定的抗震设防要求；

防空——设置一定面积的防空地下室，满足战时需要。

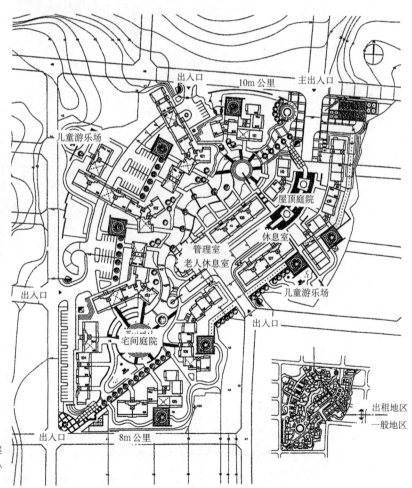

图7-3 韩国某地块规划方案（一）（图片来源：《韩国规划小区》）

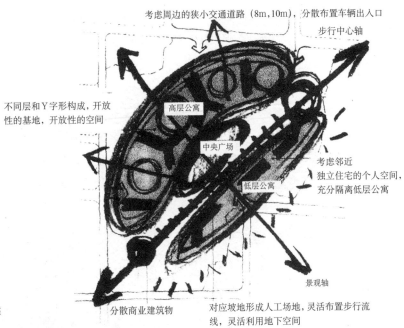

图 7-4 韩国某地块规划方案（一）构思图（一）（图片来源：《韩国规划小区》）

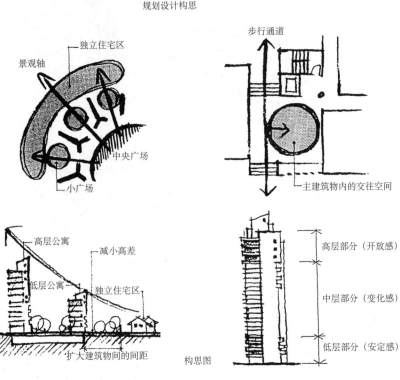

图 7-5 韩国某地块规划方案（一）构思图（二）（图片来源：《韩国规划小区》）

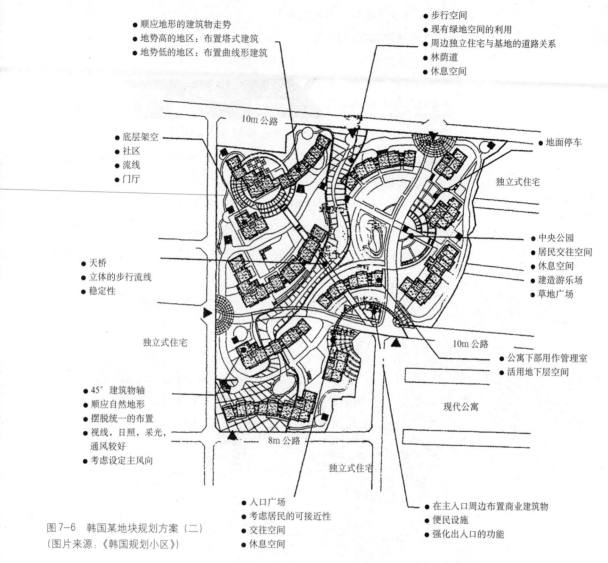

图 7-6　韩国某地块规划方案（二）
（图片来源：《韩国规划小区》）

(D) 经济要求：居住区规划要与一定的经济条件相符合。

(E) 美观要求：居住区对城市的空间面貌、形象特征有很大的影响，同时居住区规划设计也要为居民创造一个优美的居住环境；居住区的规划设计要体现明朗、大方、整洁、优美，并和人们的精神面貌、审美情趣相符合，既要有地方特色，又要体现时代性。图 7-7～图 7-9 为韩国两个地块的规划总平面图。其中图 7-8，图 7-9 是同一地块形成的不同的方案，体现了建筑与基地的关系。

(6) 住宅的规划布置

1) 住宅群体平面组织的基本形式

(A) 行列布置：建筑按照一定朝向和合理间距成排布置的形式；这种形式采光、通风都比较好，是各地广泛采用的方式，但处理不好会造成单调、呆板的感觉，有时会形成穿越交通。为避免以上的缺点在规划布置上常采用山墙错落、单元错开拼接或用矮墙分隔的手法，如图7-10所示为带有弧线变化的行列式布局。

(B) 周边布置：建筑沿街坊或院落周边布置的形式；这种布置形式形成较为封闭的院落空间，便于组织公共绿化，对于寒冷和多风沙地区，可以阻挡风沙和积雪，周边布置还有利于节约土地提高容积率；缺点是部分

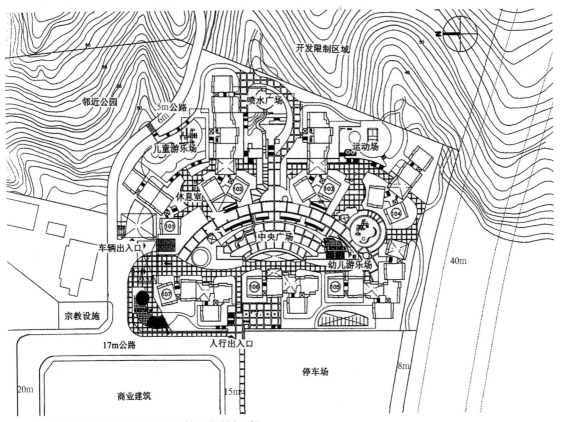

图 7-7 某地块平面布局（图片来源：《韩国规划小区》）

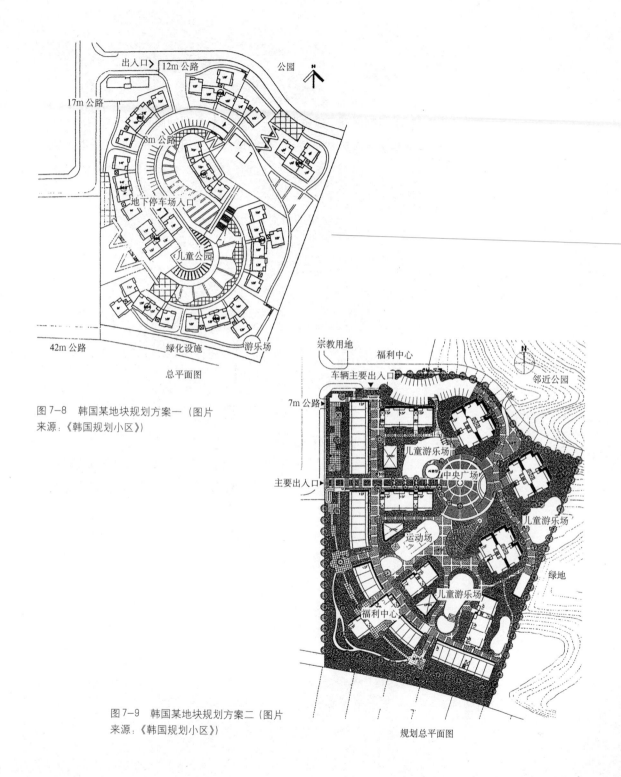

图 7-8 韩国某地块规划方案一（图片来源：《韩国规划小区》）

图 7-9 韩国某地块规划方案二（图片来源：《韩国规划小区》）

7 居住区规划设计与居住区环境设计

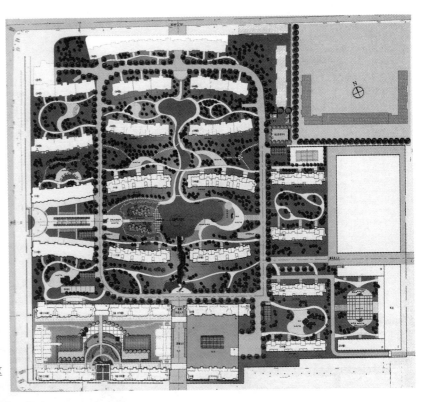

图 7-10 某行列布局的小区
(图片来源:《创新风暴》)

住户通风、采光都不好,如图 7-11 所示。

(C) 混合布置:为上述两种形式的结合形式,最常见的是往往以行列式为主,以少量住宅或公共建筑沿道路或院落周边布置,形成半开敞式院落,如图 7-12 所示。

(D) 自由式布置:建筑结合地形,在照顾日照、通风等要求的前提下,成组自由灵活布置。

2) 住宅群体争取日照和防止西晒的规划设计措施

主要采用建筑的不同组合方式和利用地形、绿化等手段(见《城市规划原理》)。

3) 住宅群体提高自然通风和防风效果的规划设计措施

利用规划布局、建筑组合和绿化等手段(见《城市规划原理》)。

4) 住宅群体噪声防治的规划设计措施

通过合理布局、绿化、地形、人工屏蔽等手段(见《城市规划原理》)。

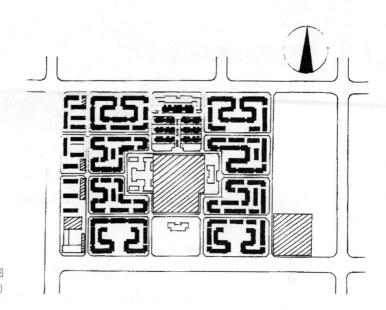

图7-11 北京百万庄居住小区（图片来源：选自《建筑设计资料集3》）

图7-12 某混合式布置的小区（图片来源：《创新风暴》） 项目总体规划图

7 居住区规划设计与居住区环境设计

7.2 居住区外部环境设计

居住区外部环境是人们生活的重要组成部分,也反映了居住的质量,更是人们在购房中主要参考的一个因素。

(1) 居住区外部环境设计的内容

包括居住区内建筑的色彩、风格、各类绿地、道路以及场地的材料、形式、色彩等,还包括竖向、室外照明、环境设施小品的布置和设计(选型)等。总体上讲是指一个居住范围内的除了建筑内部环境以外的所有内容,这些内容满足了人们室外的行为要求。

(2) 居住区绿地的设计要求

这里说的居住区绿地不是单指绿化中的草地、树木和花卉等,是个笼统的概念,包括组织各类功能的场地、器械,也包括环境构成要素中的小品、器具、设施等。

居住区公共绿地根据居住区的规划结构的划分相应地有居住区绿地、居住小区绿地和组团绿地三级,其规模、设置的内容以及服务对象都不相同(表7-2)。

居住区公共绿地分级　　　　表7-2

分级	居住区级绿地	居住小区级绿地	组团级绿地
中心绿地名称	居住区公园	小游园	儿童、老人活动场
使用对象	居住区居民	居住小区居民	组团内居民
最小规模	10000m^2	4000m^2	400m^2
步行距离	8~15min	5~8min	3~5min
设置内容	儿童、老人、成年人活动场地或设施、运动场地、水面、花卉、草木、座椅、雕塑、停车场地等	儿童、老人、成年人活动场地或设施、运动地、水池、花卉、草木、座椅、雕塑等	花木、草坪、座椅、儿童游戏设施
设计要求	园内要有明确的功能划分	园内要有一定的功能划分	灵活布置

（3）居住区绿地的规划设计

1）绿地的平面布置方式

受居住区中住宅的布置方式的影响，结合自身的规模，绿地一般有几何式、自由式和混合式三种不同的布置形式。

几何式也叫规则式，空间布局比较规整，采取几何式的构图，道路、水体、树木、草地等都严整对称，空间的灵活性不大。

自由式是以自由流畅的形式结合地势、树木，根据功能分区将绿地自由划分成几个部分，在有限的空间内创造不同的空间情趣。

混合式是结合二者的长处，灵活布局，创造不同的空间，是采用较多的一种形式，如图7-13、图7-14所示。

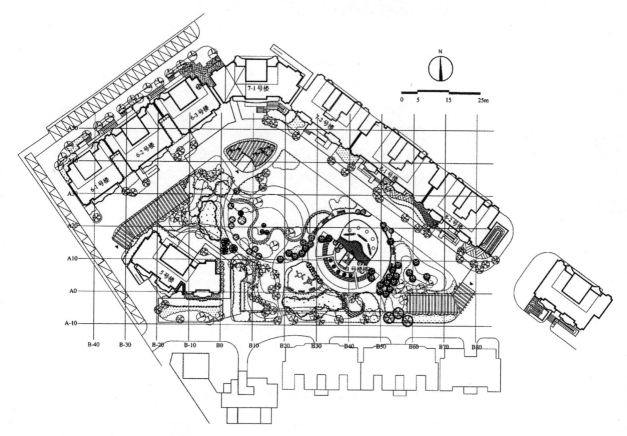

图7-13 上海某组团环境布置图（图片来源：不详）

图7-14 上海绿地威廉小区住宅立面（图片来源：作者自拍）

2）绿地的功能分区

居住区中的绿地根据居住人群的实际使用情况，考虑到不同年龄段的人群、不同层次的人群以及不同使用要求的人群日常室外活动，一般有以下几个部分。

（A）休息、漫步区：这是居住区绿地中最基本，也是最重要的部分，绿地的主要作用就是缓解一天或一周的压力，和邻居、朋友、家人交谈、漫步，如图7-15所示。

休息、漫步区属于安静的区域，避免和游乐设施、体育区域相邻，以线性空间为主。场地内提供必要的设施，如桌椅、平台等，漫步道要有铺装，线性曲线和直线相结合，一定长度要形成空间节点，布置雕塑、座椅、小品和一定的场地，满足几个人交谈娱乐、休息之用。

（B）游乐区：在大型的绿地一般要考虑设置电动游戏设施，常见的有电动火车、碰碰车等，游乐区内一般也有唱歌、跳舞、旱冰等娱乐活动。游乐区属于闹的区域，一般应远离住宅，周围用树木分隔、围合，外围设置休息设施，中间形成较大的硬质空地，有时也设置舞台和台阶，形成小型的室外剧场。

（C）运动健身区：包括小型的器械健身和运动场地，如羽毛球、乒乓

图7-15 杭州某小区宅间小路
(图片来源：都铭拍摄)

球、篮球等，一般占地都较大，活动的人群也比较多。由于人流比较集中，其位置应靠近居住区的道路，布置应开敞，距住宅有一段距离。场地周围布置椅凳，朝向场地，座椅的上方有条件的布置花架、亭、廊等遮阳避雨设施，如图7-16、图7-17所示。

图7-16 上海绿地威廉小区住宅立面（图片来源：作者自拍）

图7-17 上海绿地威廉小区住宅立面（图片来源：作者自拍）

(D) 儿童游戏区：在居住区绿地的服务对象中，使用最多的除了老人就是儿童，在各种规模的绿地中都应该提供儿童游戏、智力开发、性格锻炼的儿童活动场地，使孩子能健康地成长。

一般常用的儿童游戏设施包括戏水池、沙坑、迷宫、跑道、桌椅、器械等，同时为了大人看护方便，在周围设置座椅、石凳、亭、廊等休息设施。儿童游戏区的位置在考虑服务半径的前提下，应注意安全，同时避免对住户的干扰。

（4）居住区环境构成要素设计

包括软质环境设施和硬质环境设施。

软质环境设施包括：

水体——水面、水池、喷泉、瀑布等。

绿化——树木、花卉、草地。

硬质环境包括：

硬质铺地。

建筑小品——桥、塔、亭廊，如图7-18、图7-19所示。

环境设施——儿童游戏设施、雕塑、座椅、灯具、石作、广告设施、指示牌、服务设施（邮筒、IC电话、健身器、卫生箱、垃圾桶、消火栓等）。

图 7-18 上海绿地威廉小区住宅立面（图片来源：作者自拍）

图 7-19 上海安亭小镇（图片来源：作者自拍）

主要参考文献

[1] 石铁矛.居住建筑快速设计图集.沈阳：辽宁科学技术出版社，1995.

[2] 程建军.风水与建筑.南昌：江西科学技术出版社，1991.

[3] 时国珍，刘凯.2000年中国住宅设计获奖作品.沈阳：辽宁科学技术出版社，2001.

[4] 时国珍.中国居住创新设计经典.北京：中国城市出版社，2005.

[5] 《建筑设计资料集》编委会.建筑设计资料集（第2版）第3集.北京：中国建筑工业出版社，1994.

[6] 赵冠谦.中国住宅设计十年精品选.北京：中国建筑工业出版社，1996.

[7] 朱霭敏.跨世纪的住宅设计.北京：中国建筑工业出版社，1998.

[8] 万科建筑研究中心.万科的作品1988-2004.南京：东南大学出版社，2004.

[9] 陈一峰等.韩国规划小区.北京：中国计划出版社，2000.

[10] 李伟民，邢日瀚主编.深圳特色楼盘.北京：中国广播电视出版社，2002.

[11] （日）泷泽健儿等.住宅设计要点集.北京：中国建筑工业出版社，2004.

[12] 李德华.城市规划原理.第3版.北京：中国建筑工业出版社，2001.